DISCUSSION

STEEPLE-CHASE

SUR

LA QUESTION DU FEU CENTRAL

OPINION
DÉFENDUE PAR M. BON

BOURGES

IMPRIMERIE VERET, 5, RUE DE L'ARSENAL

1873

DISCUSSION

STEEPLE-CHASE

SUR

LA QUESTION DU FEU CENTRAL

OPINION

DÉFENDUE PAR M. BON

DISCUSSION

STEEPLE-CHASE

SUR

LA QUESTION DU FEU CENTRAL

OPINION
DÉFENDUE PAR M. BON

BOURGES

IMPRIMERIE VERET, 5, RUE DE L'ARSENAL

1873

DE LA

FLUIDITÉ INTÉRIEURE

DE LA TERRE

Parmi les problèmes scientifiques livrés aux investigations de l'intelligence, un des plus intéressants est incontestablement la recherche de l'état intérieur du globe. Est-ce, comme certains savants l'enseignent, une masse solide composée d'éléments semblables à ceux que nous connaissons et que nous foulons sous nos pieds? Est-ce, comme d'autres le veulent, une incommensurable mer de feu, dont la surface a été solidifiée par le refroidissement?

Questions bien difficiles à résoudre et qui ne paraissent même pas comporter de réponse catégorique. Le point en discussion est, en effet, inaccessible à toute expérience directe, à tout voyage d'exploration; dès lors nul ne pourra clore le débat par un témoignage indiscutable. Mais, à défaut de preuves matérielles, devons-nous renoncer à soulever le voile qui nous cache la vérité? Les miracles sans cesse renaissants des sciences physiques, les conquêtes de plus en plus certaines des sciences naturelles, la puissance presque indéfinie de

leur convenable association arriveront bien certainement
à dissiper les doutes, à dégager l'inconnue et à donner
une base rationnelle aux observations si curieuses et si
utiles de la géologie.

Mais jusqu'à ce qu'une démonstration complète ait fait
cesser tout désaccord, nous devons examiner, discuter
et critiquer les arguments invoqués par les partisans de
chacun des deux systèmes en présence. Tel est le but
que je me suis proposé dans le présent mémoire.

Avant tout, je dois faire remarquer que pour les deux
camps la situation n'est pas égale. L'eau exceptée, tout
ce que nous voyons, tout ce que nous touchons, tout
ce que nous connaissons de notre sphère est solide. Les
géologues nous montrent une série de couches solides
superposées, déterminent les limites entre lesquelles se
circonscrit l'épaisseur de chacune d'elles et s'arrêtent
tous et dans tous les pays à une base fixe, solide, qu'ils
appellent terrain primitif ou plutonien et à l'épaisseur
duquel aucun terme n'est assigné. Et, en effet, disent
les neptuniens, il n'y a pas de borne à cette matière et
c'est elle précisément qui constitue le noyau central.

Il faut en convenir, ce raisonnement a une rigueur que
l'on ne saurait méconnaître. Le terrain primitif est un
fait évident, palpable pour tout le monde. Si profondément que l'on fouille, si loin que l'on s'avance vers le
centre, toujours cette matière se présente à l'état solide
avec les mêmes caractères. D'où, en bonne logique, ressort cette conclusion qu'il en doit être ainsi dans toute
la longueur du rayon terrestre.

Les partisans du feu central ne se sont pas mépris sur la force de cette déduction ; ils ont compris qu'ils ne pouvaient s'y soustraire, et c'est là leur désavantage, qu'en produisant des faits et titres ou favorables à leur opinion ou contraires à l'affirmation qui précède.

J'ai dit *faits* et *titres*, parce que dans l'objet en discussion il faut aller du connu à l'inconnu, remonter des effets aux causes en suivant une voie sûre, certaine, authentiquement tracée. Néanmoins quelques savants illustres, séduits par l'imagination, ont voulu suivre une marche inverse ; ils ont admis *a priori*, sous le nom d'hypothèses, des causes qui, habilement présentées, fournissent des explications, jusqu'à un certain point satisfaisantes, des phénomènes que nous étudions.

Je sais que l'hypothèse non démontrée n'a pas droit de cité dans le langage scientifique ; mais, je le répète, je n'ai entrepris que la facile mission de critiquer ; et les créations de l'imagination, comme les produits des expériences et des observations sont, *les unes et les autres*, justiciables de la critique. C'est dans cet ordre d'idées que je vais passer en revue les diverses hypothèses mises en avant sur le point débattu, laissant ainsi les faits pour la seconde partie.

1° La terre, pour quelques Plutoniens, serait une fraction du soleil détachée à l'état d'incandescence et qui, obéissant à la force centrifuge, se serait éloignée, en conservant son double mouvement de rotation, jusqu'au point où cette force a été équilibrée par la gravitation.

Cette parcelle du soleil qui, sans explication, déserte

une place qu'elle occupait depuis un temps incalculable pour courir à l'inconnu, ne me satisfait nullement. Tant que l'on ne me dira pas pourquoi cette capricieuse parcelle a quitté son rang et pourquoi à une époque plutôt qu'à une autre, je ne pourrai pas accorder la moindre créance à cette première supposition ; elle se heurte au surplus à des considérations d'un autre ordre que je ne dois pas passer sous silence.

Ainsi, on part de cette idée que le soleil est à l'état d'incandescence ; cette nouvelle proposition n'est rien moins que démontrée ; les astronomes sont à peu près tous d'accord pour reconnaître, au contraire, que le soleil est un corps opaque, solide, non embrasé ; il n'a donc pas pu, abstraction faite de toutes autres impossibilités, lancer dans l'espace une matière en ignition.

Encore que cette objection ne serait pas soulevée, la question serait, non pas résolue, mais simplement déplacée et reportée sur le soleil dont l'égale et perpétuelle combustion serait opposée à tous les principes, à toutes les données de nos connaissances.

2° L'hypothèse que la terre n'est qu'un ancien soleil éteint n'est, sous une autre formule, que la reproduction de la précédente, et je ne m'y arrêterai pas. D'ailleurs, et d'une manière générale, j'appellerai plus loin l'attention sur les conséquences d'un refroidissement quelconque de la terre.

3° On a prétendu que l'embrasement de notre sphère était dû à la rencontre et au choc d'une comète.

Ici encore il faudrait établir que les comètes sont en ignition ; mais les astronomes démontrent que ces corps, d'une incomparable légèreté, n'ont comme toutes les planètes que la lumière qu'ils reçoivent du soleil. Si donc la possibilité d'un choc pouvait être acceptée, l'explication du fait particulier de l'embrasement n'aurait pas avancé d'un pas.

Mais l'énonciation d'une pareille rencontre offense toutes les lois de l'astronomie. Tous les corps de l'univers obéissent à la loi de la gravitation ; la marche isolée de chacun est une fonction, une partie intégrante du mouvement de l'ensemble ; le tout est arrangé, coordonné de telle sorte que l'un des éléments ne peut s'écarter de la trajectoire qui lui est imposée sans faire crouler tout le système planétaire. Admettre un choc, c'est reconnaître que certains corps célestes ne sont pas soumis à la discipline de la gravitation, c'est dire qu'en véritables aventuriers ils parcourent les espaces sans ordre ni loi, n'attendant que l'occasion de se ruer sur ceux qui accomplissent consciencieusement leur mission dans l'éternelle harmonie de la nature ; c'est enfin mettre des rêveries à la place de la réalité.

Il n'est pas hors de propos de faire remarquer que les observations enregistrées jusqu'ici sur les comètes tendent à démontrer que ces corps, comme les autres planètes, décrivent des orbites déterminées dont quelques-unes sont déjà soumises à la rigueur du calcul algébrique. Il est vrai que d'autres trahissent les efforts des savants et qu'après avoir suivi une portion d'ellipse autour du soleil, elles semblent s'échapper par une branche de parabole, et s'enfoncer pour jamais dans l'infini des mondes. Mais cette dernière circonstance s'explique aisément si l'on réfléchit que l'orbite d'une comète peut avoir toutes les inclinaisons sur l'écliptique; que l'immensité de la distance déjoue les opérations et qu'enfin les observations astronomiques ne sont pas encore assez nombreuses pour en déduire des appréciations exactes.

Je vais plus loin encore; je considère comme vraie la donnée d'un choc entre la terre et la comète et, pour payer tribut à toutes les invraisemblances, je gratifie spécialement cette comète d'une masse fluide en ignition; puis j'entoure le phénomène de toutes les circonstances favorables à la cause. Je ne supposerai pas que la comète arrivait suivant un rayon solaire, parce que le choc aurait eu pour effet de rapprocher la terre du soleil et, en vertu des principes de Kepler et de Newton, ce rapprochement se continuerait en s'accélerant indéfiniment jusqu'à complète juxtaposition des deux corps. Je refuserai également tout pouvoir à la comète d'augmenter ou de ralentir le mouvement terrestre, ce qui jurerait encore avec les inflexibles lois déjà rappelées.

J'accorde que la rencontre a eu lieu dans des conditions tellement exceptionnelles qu'il n'en est résulté aucune altération dans la marche de notre sphère; que celle-ci avec sa vitesse de cent mille kilomètres à l'heure (vitesse 46 fois plus grande que celle d'un boulet) a troué la comète sans éprouver d'autre perturbation qu'un embrasement général.

Pas n'est besoin d'ajouter que j'ai envisagé le cas où les deux astres marchaient en sens inverse. Si, au contraire, la comète eût couru après la terre, la rencontre aurait eu lieu avec une lenteur relative qui aurait permis aux deux corps, à un moment donné, de se confondre en un seul et alors l'attraction et la gravitation les aurait maintenus indéfiniment ainsi réunis.

Quel que soit le cas considéré, il est manifeste que c'est la surface terrestre qui aurait été embrasée et non pas le centre.

Je puis donc résumer la discussion de cette troisième hypothèse par les assertions suivantes :

Le choc contre la terre d'une comète de la nature de celles que nous connaissons n'aurait aucune influence sur le feu central.

Ce choc n'a pu avoir lieu parce qu'il produirait le renversement de l'ordre que nous admirons et la destruction des lois astronomiques.

La rencontre fût-elle possible avec toutes les conditions désirables, il en résulterait la combustion non du centre, mais bien de la surface terrestre.

D'où je suis autorisé à conclure que cette troisième hypothèse n'a pas plus de valeur que les deux précédentes.

4° Un géologue allemand, le docteur Zimmermann, résumant les doctrines de beaucoup de ses compatriotes et renouvelant les théories de Laplace, a donné du système du monde en général et de l'incandescence interne du globe en particulier, une explication qui, en raison de la célébrité des auteurs, mérite une attention spéciale.

Ce savant nous montre la substance de tous les corps, dispersée en atomes remplissant l'espace indéfini. En vertu de l'attraction, des molécules voisines se sont rapprochées et ont formé différents centres solaires qui, d'après le même principe, ont attiré à eux les atomes voisins, et de proche en proche ont fini par atteindre des diamètres immenses.

Les bords extérieurs, dans le mouvement de rotation, acquéraient une vitesse de plus en plus grande; la force centrifuge arrivait de la sorte à dépasser la force attractive; au moment de cette rupture d'équilibre, des fragments de couronne sphérique se détachaient de la masse et s'échappaient par la tangente. Ces fragments continuèrent leur mouvement de translation autour du centre dont ils s'étaient séparés et prirent, en suite de la différence des rayons, un autre mouvement de rotation sur eux-mêmes; ce furent les planètes de chaque système.

Chaque planète, par la même série d'opérations, envoya dans l'espace d'autres parcelles qui tournèrent sur elles-mêmes et autour des planètes génératrices, comme ces dernières le faisaient autour des centres solaires; ce furent les satellites.

Ces différents globes occupaient dans l'origine des volumes démesurés qui, par l'effet de l'attraction, n'ont cessé de diminuer et de se resserrer. Or, on sait que tous les corps s'échauffent par la pression. C'est un fait que chacun a pu vérifier, et, pour en fixer l'importance d'un mot, je rappellerai que l'air comprimé au dixième de son volume acquiert la température du charbon ardent. Conséquemment, la diminution au centième, au millième du volume primitif a donc dû développer dans le noyau de plus en plus dense qui en résultait, une température extrême qui a mis toutes les matières en fusion. D'où le feu central.

Telle est, réduite à sa plus simple expression, la théorie créée par Laplace, préconisée par M. Zimmermann.

J'écarte, comme étranger à mon sujet, le système, à mes yeux un peu trop fantaisiste, de la formation des mondes et je m'attache uniquement à la cause invoquée comme explication de l'incandescence intérieure de la terre. En m'appuyant sur les arguments même de l'auteur dont je discute l'opinion, je raisonne ainsi :

La matière se comprime sous l'attraction ; mais l'attraction est une force constante qui agit sans trêve ni merci ; donc la compression doit indéfiniment augmenter. Je ne pense pas que l'on puisse en quoi que ce soit attaquer cette première déduction.

A une certaine époque, la compression a pu mettre la matière en fusion. Depuis cette époque, la compression a constamment augmenté ; donc l'incandescence a dû prendre une fluidité de plus en plus grande. Cette deuxième conséquence, de même que la première, défie toute querelle.

Ainsi avec des principes incontestables nous arrivons par les conclusions les plus rigoureuses à un résultat définitif, diamétralement opposé à la réalité ; l'hypothèse prêtée par M. Zimmermann n'est donc pas exacte et ce n'est pas encore le flambeau qui doit nous éclairer.

Si cette argumentation ne paraissait pas suffisamment concluante, j'aurais facilement raison de tous les scrupules en faisant appel au calcul intégral au moyen duquel on démontre péremptoirement que dans une sphère homogène : 1° l'attraction d'un point quelconque pris à l'intérieur est proportionnelle à la distance de ce point au centre de la sphère ; 2° toute couche sphérique extérieure à un point quelconque pris dans l'intérieur de la sphère est sans influence sur ce point.

En combinant ces deux théorèmes, l'esprit le plus rebelle aux sciences exactes en fera jaillir ces vérités que le centre de la terre n'est ni attiré ni pressé ; qu'à mesure que l'on s'éloigne du centre l'attraction et la compression vont en augmentant, suivant une loi continue, jusqu'à la surface où elles atteignent leur maximum. Si donc, comme le veut M. Zimmermann, l'incandescence est un effet de la compression, le centre de la terre devrait être solide et la surface en fusion.

Comme on le voit, la puissance de l'x s'accorde avec la discussion ordinaire pour rejeter cette quatrième hypothèse.

Les autres théories hasardées sur le même sujet ne sont que de naïves ou absurdes divagations dont tout esprit sérieux dédaignerait de s'occuper. Je quitte donc ici le domaine de l'hypothèse pour aborder le côté beaucoup plus positif des faits.

1° Il est à la connaissance universelle que la terre tourne sur elle-même en 24 heures autour d'une droite imaginaire dont les extrémités sont appelées les pôles. Par suite de cette disposition, chacun des points de la surface décrit, dans la même période de 24 heures, une circonférence d'autant plus grande que ce point est plus éloigné des pôles. La plus grande de ces circonférences porte le nom d'équateur et présente un développement de 40,000 kilomètres. Ainsi, tandis que les pôles restent immobiles sur eux-mêmes, chaque point de l'équateur est emporté par une vitesse de rotation de 1,666 kilomètres par heure (8 fois la vitesse d'un boulet) (1).

Ces données posées, prenons une sphère semi-liquide, de l'argile pétrie par exemple, et imprimons-lui, autour d'un axe quelconque, un mouvement de rotation plus ou moins accéléré; nous verrons la boule se déprimer aux pôles et se renfler à l'équateur, phénomène exclusivement dû à la demi-fluidité de la matière en mouvement, puisque toute sphère solide ne se déforme pas. Mais la terre est précisément déprimée aux pôles et renflée à l'équateur; donc elle a dû être ou est encore fluide. D'autres faits plaidant pour le présent, on affirme que tout l'intérieur est encore une masse en fusion.

L'expérience que je viens de rappeler ne laisse rien à

(1) Dans toutes ces considérations, je fais abstraction de l'élasticité de la matière.

désirer comme rigueur. Je n'en dirai pas autant de la conséquence qu'on en déduit. Le mot *dépression* ou *déformation* emporte un jugement complet ; il présente à l'esprit l'idée d'une forme plus parfaite qui n'a pu se dégrader que par un phénomène déterminé. Est-on autorisé à proclamer qu'un corps renflé à l'équateur et aplati aux pôles résulte nécessairement d'une sphère accomplie ? Y a-t-il quelque part un principe, une loi qui légitime une pareille affirmation ? Je ne le pense pas. On pourrait avec le même droit, la même autorité, soutenir au contraire qu'un corps n'arrive à l'état de sphéricité absolue qu'après avoir passé par différentes formes ellipsoïdales. Le fait que j'examine n'est donc pas de nature à établir une sérieuse conviction.

Toutefois, je vais raisonner comme si la terre avait subi la déformation constatée à l'épreuve précédente.

Puisque par le mouvement de rotation les molécules terrestres se sont déplacées et accumulées vers l'équateur, c'est que, dans cette partie de la sphère, la force centrifuge dépassait la force d'attraction, tandis que vers les pôles arrivait une rupture d'équilibre en sens inverse. Ce double phénomène est fatal, et l'idée d'une récusation ne saurait être permise à aucune intelligence. Une fois le mouvement déterminé, il n'est pas nécessaire d'être grand mécanicien pour comprendre que non-seulement il ne s'arrêtera pas, mais qu'il prendra un accroissement indéfiniment accéléré. Car, d'une part, la force centrifuge augmentera proportionnellement au rayon de l'équateur, tandis qu'au contraire la force d'attraction diminuera en raison inverse du carré de ce rayon. Donc un premier mouvement en eût entraîné un second plus grand, lequel aurait été suivi par un troisième supérieur aux deux premiers, et ainsi de suite sans aucune déviation possible. Conséquemment, ce premier mouvement n'a pas eu lieu et la terre n'a jamais pu changer sa forme générale.

Je m'empresse d'avertir que le phénomène dont je m'occupe, s'il pouvait commencer, s'opérerait non par saccades, comme semblent l'indiquer les mots 1er, 2o, etc., mouvements, mais d'une façon continue, et que c'est seulement pour mieux fixer l'attention que j'ai admis des degrés dans l'effet supposé obtenu.

Une autre considération qui s'offre de prime-abord à l'esprit conduit au même résultat. Si, comme on le veut, la force centrifuge a pu déplacer des atomes, elle aurait dû nécessairement exercer son action sur la matière la plus mobile et de la plus facile locomotion; j'ai désigné l'eau, et toutes les mers devraient être accumulées le long de l'équateur; les pierres, qui n'ont aucune attache au sol, devraient se mouvoir et jamais une sphère en cristal ne pourrait se maintenir en repos sur une glace, partout ailleurs qu'à l'équateur.

Je pense qu'il n'en faut pas plus pour m'autoriser à émettre comme une vérité cette proposition qu'entre le feu central et le fait de l'aplatissement des pôles il n'y a pas la moindre connexion.

2o Les anciens âges ont conservé en quelque sorte la généalogie des espèces d'animaux et de plantes qui existaient pendant leurs évolutions. Les divers terrains de l'échelle géologique gardent pétrifiés les restes des races qui alors peuplaient la terre. Ces témoins trouvés dans les contrées tempérées et même polaires faisaient partie d'espèces qui pour la plupart vivent aujourd'hui dans les régions tropicales : les éléphants, les rhinocéros..., les palmiers, etc. A ces époques, disent les Plutoniens, la chaleur était donc plus considérable qu'aujourd'hui. En remontant, la chaleur augmente toujours et on arrive nécessairement à la température portant fusion de toutes les matières, fusion qui par les lois du refroidissement doit exister encore dans tout le noyau central.

J'éprouve, et je n'ai pas de peine à l'avouer, une répugnance invincible contre des principes généraux tirés de un ou de quelques faits isolés, et je ne puis m'incliner sans mot dire devant la conclusion précédente. La présence sur des zones relativement froides de ces êtres, de ces races qui ne vivent actuellement que dans les pays chauds peut s'expliquer très-rationnellement et par des observations puisées à l'histoire naturelle et par les lois des mouvements terrestres démontrées en astronomie.

C'est une vérité hors de doute que certaines races animales ou végétales sont répandues et vivent sur tous les continents. L'espèce féline, par exemple, occupe tout le domaine de la géographie. Les individus composant cette classe sont en général peu agréables, peu utiles, et l'on s'habitue très-bien à la pensée de leur extermination, du moins dans les pays les plus civilisés. Que dans des milliers de siècles, à une nouvelle période géologique, il n'y ait d'échantillons vivants que sous l'équatour, les géologues d'alors, armés des pétrifications qu'ils trouveront dans nos climats, pourront, avec les mêmes droits que ceux d'aujourd'hui, déclarer que la température de la terre s'est considérablement refroidie; et pourtant elle n'aurait pas varié.

On a cru longtemps que toutes les espèces d'éléphants ne pouvaient vivre que dans les pays chauds; la nudité qui les caractérise semblait les condamner par destination aux feux des tropiques, mais le mammouth trouvé avec une toison spéciale dans les glaces sibériennes a totalement modifié les croyances, et des naturalistes fameux, s'appuyant sur d'autres faits non moins concluants, enseignent que, par sélection naturelle, les espèces peuvent se soumettre à tous les climats, habiter toutes les latitudes et se naturaliser dans toutes les contrées.

En dehors de ces explications qui s'imposent d'elles-mêmes, on peut attribuer des changements de température à d'autres causes également très-simples. Ne sait-on pas que le voisinage des mers, les dispositions particulières des montagnes et le relief général du sol engendrent des différences thermométriques très-accusées entre les mêmes parallèles? Ces circonstances varient tous les jours et avec les siècles elles peuvent transformer les climats, et par suite la faune et la flore de tous les continents.

Et puis toutes ces perturbations trouveraient leur justification dans le mouvement conique de l'axe terrestre. En astronomie il est établi jusqu'à la dernière évidence que, dans une période de 25,900 ans, en nombre rond chacun des pôles décrit une circonférence dont le diamètre répond à une ouverture angulaire de 46° 56' comptée au centre de la sphère; ou, en d'autres termes, la direction de l'axe du monde fera, dans 12,950 années, un angle de 46° 56' avec la direction actuelle, tout en conservant sur l'écliptique une inclinaison uniforme de 66° 32'. Sans le plus petit effort d'imagination, on peut facilement en inférer que les conditions climatériques de toutes les parties de la terre subissent pendant ces périodes des altérations profondes, et de là au renouvellement ou plutôt à l'émigration des races le passage est ouvert.

Disons donc que les plantes les plus opposées, les animaux les plus divers, trouvés en une même station du globe, dénoncent tout au plus des variations thermométriques et que, dans tous les cas, ces changements ne paraissent pas avoir de corrélation avec le feu central.

3° Lorsque l'on descend dans les excavations naturelles ou artificielles, les cavernes, les puits, les sondages, etc., la chaleur augmente. De l'ensemble des expériences très-nombreuses faites avec les plus grands soins, on constate qu'en moyenne la température s'élève d'un degré par 30 mètres de profondeur.

La température augmente à mesure que l'on s'avance vers le centre de la terre : c'est là un fait irrécusable; mais cette augmentation est soumise à des anomalies étranges, à des caprices sans nombre. Ainsi tandis qu'à Decize le thermomètre marque 11° à 8ᵐ de profondeur, il ne donne également que 11° pour une profondeur de 228 mètres à Beschert, près de Fribourg ; tandis que pour accroître la chaleur d'un degré centigrade, à Neuwsartes, il suffit de 12 mètres de profondeur, il en faut 48 dans les mines de la Silésie. D'autre part, l'augmentation de température est beaucoup plus prononcée dans les mines que dans les puits artésiens. Mais sans m'arrêter à ces incohérences, dues sans doute soit aux différences de hauteur des points observés, soit à la composition géologique du sol, soit à la présence de minerais soumis à une oxydation spontanée, j'admettrai comme exacte la moyenne de 30 mètres qui vient d'être signalée.

Puisque ce fait est indéniable, continuent les partisans du feu central, il en résulte qu'à une profondeur suffisamment grande toutes les matières doivent être en fusion.

Si effectivement nous appliquons cette loi à la longueur du rayon terrestre, nous trouvons que l'accroissement de chaleur est de :

10° à une profondeur de 300 m.
100°   —   3 kil.
1,000°   —   30 —
10,000°   —   300 —
200,000° et plus au centre de la terre.

Nous savons que les matières les plus dures, les plus réfractaires, le fer martelé anglais, par exemple, entre en fusion à 1,600°. Si donc l'augmentation constatée est l'indice d'une loi, nous ne devons pas conserver le moindre doute sur l'état d'incandescence à partir d'une profondeur de cinquante kilomètres. Mais une loi naturelle est uniforme, constante, éternelle ; elle ne peut avoir ni caprice, ni arrêt, ni point de rebroussement. Si donc nous gagnons 1,600° à 50 kilomètres, nous arriverons infailliblement à plus de 200,000° vers le centre terrestre.

C'est là une température dont nous n'avons pas la moindre idée, qui dépasse totalement nos moyens d'observation et d'appréciation et qui, par son inconcevable intensité, tombe dans l'absurde. Sous l'influence d'une pareille atmosphère, les substances quelles qu'elles fussent se volatiliseraient instantanément et acquerraient une telle puissance d'expansion que la croûte terrestre, si tenace qu'on la supposât, volerait en éclats ou plutôt s'abîmerait et se réduirait en miettes et en atomes.

Pour mieux faire saisir l'explosion qui fatalement anéantirait le globe, je dirai que les cinquante kilomètres attribués à la partie solide de l'enveloppe représenteraient une épaisseur de quarante-quatre dixièmes de millimètre sur une bombe de 1 mètre de diamètre. En remplissant cette feuille sphérique de picrate de potasse, on n'obtiendrait même pas par l'explosion, sur cette feuille, la puissance qui tendrait à la dislocation de la sphère.

Je passe sous silence les soupapes de sûreté que l'on a cru trouver dans les volcans en activité. Nous verrons bientôt que les plus grands cratères correspondent à peine à des trous d'épingles sur la bombe imaginaire dont je viens de me servir. Ces ouvertures, infiniment petites relativement à la puissance en jeu, non-seulement n'offriraient aucune garantie de sûreté, mais au contraire rendraient une destruction plus facile.

Quelques professeurs ont reculé devant ces inévitables conséquences et ils se sont résignés à émettre l'idée que le principe de l'augmentation de chaleur n'était exact que jusqu'au point de fusion des matières, et qu'à partir de cet instant tout le restant de la masse conservait une température uniforme.

Cette réserve, si bien appropriée à la cause, rappelle à la mémoire le fameux principe de *l'horreur du vide jusqu'à 32 pieds seulement* des physiciens du temps de Galilée. Si la loi n'est vraie que jusqu'à cinquante kilomètres, comment le centre a-t-il pu devenir en fusion ? Mais, répond-on, l'augmentation de chaleur est moins une cause qu'un effet ; l'incandescence répand un rayonnement calorifique à travers la croûte solide, qui suit une proportion décroissante de 1° par 30 mètres d'éloignement du foyer.

Ainsi, pour justifier l'ignition de la masse centrale, on s'appuie sur l'augmentation de 1° par 30 mètres de profondeur, puis, pour échapper aux impossibilités de cet accroissement transformé en loi, on renverse les termes et l'on fait dépendre cette loi d'augmentation de l'hypothèse du feu central. C'est à la fois un cercle vicieux et une pétition de principes auxquels nous ne pouvons adhérer.

D'autres, sans diminuer en rien la portée de l'argumentation précédente, ont prétendu que le gaz qui devait se trouver au centre avait dès sa formation produit son effet d'expansion, et qu'il n'avait conservé de son immense puissance que ce qu'il fallait pour maintenir en équilibre la zone en fusion sur laquelle repose la croûte solidifiée. Mais les astronomes, avec les calculs les plus rigoureux, viennent opposer le plus formel démenti à cette fantastique constitution ; ils démontrent que la densité terrestre est de 4,48, ou en d'autres termes que le volume central doit être rempli par un corps plus matériel que le granit dont le signe de densité n'est que de 2,9. Ce n'est donc pas un gaz.

Enfin, il est quelques savants qui, retranchés dans une prudente circonspection, se bornent à signaler le fait de l'augmentation graduelle de la chaleur à mesure que l'on s'enfonce vers le centre de la sphère. Que cette augmentation, disent-ils, soit une cause ou un effet, elle doit nécessairement tendre à un foyer quelconque placé à l'intérieur du globe. Voyons si cette déduction d'apparence si naturelle ne doit pas trouver une explication plausible sans l'intervention du feu central.

Nous savons tous, sans avoir recours à aucune démonstration scientifique, que la chaleur diminue à mesure que l'on s'élève sur les montagnes, et même qu'à partir de certaines limites la température est telle que toute végétation disparaît pour faire place aux neiges et aux glaces perpétuelles. Cette expérience générale, à la portée de tous les êtres, confirme les constatations des physiciens et des météorologues, à savoir : que l'air s'échauffe par la pression et que les couches inférieures de l'atmosphère sont d'autant plus chaudes, toutes autres choses égales d'ailleurs, qu'elles supportent une plus grande épaisseur d'air. On ne peut pas, en raison des difficultés inhérentes à la question, déterminer l'expression exacte de la loi de cet accroissement, mais pour mon raisonnement il suffit que le fait par lui-même soit hors de contestation.

Si donc nous creusons un puits de 100, 200, etc., mètres de profondeur, nous pouvons affirmer à l'avance que la chaleur sera plus grande dans le fond qu'à l'orifice. Si, par la pensée, nous descendions à 20, 30 kilomètres, nous déterminerions une pression telle que la chaleur qui en résulterait pourrait produire la fusion de la plupart des matières connues. Cette fusion proviendrait non pas de la température naturelle de la partie fouillée, mais bien de l'élément que nous y aurions introduit.

Il faut remarquer qu'en s'enfonçant vers le centre, la pression atmosphérique suit une progression géométrique rapidement croissante. Les chiffres suivants dispensent de toute autre insistance sur ce point.

A l'observatoire de Genève, la colonne
mercurielle du baromètre a une hauteur de   729^{mm},65
Au sommet du Mont-Blanc, cette hau-
teur n'est plus que de...................   424^{mm},05
                                          ____
Diminution constatée...............   385^{mm},60

Entre les deux points d'observation, la différence de niveau n'est que de 4,406^m 90, et pendant cette différence relativement si faible l'atmosphère a perdu les 42 centièmes de son poids total.

Dans le même intervalle, le thermomètre a perdu ou gagné 13° centigrades, selon que l'on monte ou que l'on descend. On conçoit dès lors, et sans faire apparaître aucun embrasement général, qu'en s'avançant dans les entrailles de la terre, la chaleur doit augmenter dans des proportions considérables.

Cette explication se déduit naturellement des faits observés ; elle concorde avec toutes les expériences, elle satisfait la raison et enfin elle nous sauve encore de l'épouvantable mer de feu.

4° Du sein des volcans s'élancent des laves à une température excessive ; de la croûte terrestre sourdent ou jaillissent des eaux thermales qui quelquefois atteignent le degré de l'ébullition. Si les premières ne sortent pas, si les secondes ne s'approchent pas d'un foyer incandescent, comment interpréter leur température exceptionnelle ?

Ces deux ordres de faits, ainsi que les tremblements de terre, dus à la même cause, sont assurément le plaidoyer le plus favorable à l'hypothèse du feu central. Ils sont d'autant plus appelés en témoignage qu'ils frappent davantage l'imagination, et leur examen mérite une place marquée dans notre étude (1).

On nous a appris que le granit provient de la matière ignée formant le noyau central. On nous enseigne également que les déjections volcaniques sortent de la même

____

(1) Nous devons déclarer que la plupart des renseignements concernant les volcans ont été puisés dans un mémoire fort bien fait de M. C. Joubert sur la même question.

chaudière : la lave et le granit seraient une seule et même substance à deux âges différents. On sait que les êtres et les choses subissent les injures des ans ; néanmoins, en dépit de la confiance la plus large, on ne saurait admettre que la lave puisse jamais se transformer en granit ; l'une, si ancienne qu'elle soit, conserve toujours une composition poreuse, un aspect noirâtre et des traces non équivoques de son passage par la fusion, tandis que l'autre, n'importe le lieu de son gisement, est complétement dépourvu de ces caractères. Nous sommes donc fondé à soutenir que ces deux matières n'ont pas la même origine, et que si la lave vient du granit, elle a été transformée par un phénomène calorifique étranger à la constitution intime de ce dernier.

Il nous reste à montrer comment ce phénomène peut se produire ; et d'abord établissons la statistique des volcans grands ou petits actuellement en activité.

$$\left.\begin{array}{lr}\text{L'Europe en compte} & 12 \\ \text{L'Asie} & 32 \\ \text{L'Afrique} & 6 \\ \text{L'Amérique} & 61 \\ \text{L'Océanie} & 52\end{array}\right\} 163$$

C'est ici le moment de nous rendre compte de l'importance des garanties que peuvent nous offrir ces 163 volcans contre les dangers dont nous menacerait le prétendu enfer qui règne à l'intérieur de notre planète.

Les dimensions attribuées aux plus grands cratères à leur section minimum ne dépassent pas un hectare de superficie. En prenant un demi-hectare pour la moyenne générale, nous serons certainement bien au delà de la réalité. Mais, pour ne pas lésiner, doublons cette moyenne, et considérons l'ensemble des volcans comme pouvant donner une ouverture totale de 163 hectares.

La surface de la sphère est en chiffre rond de 50,000,000,000 d'hectares. Ce nombre ne se prêtant pas à une facile appréciation, je reviens à la bombe auxiliaire de 1 mètre de diamètre déjà prise pour terme de comparaison. Les 163 hectares correspondraient en bloc à un millième de millimètre carré ; il n'y a pas d'aiguille d'une pareille ténuité, et il ne faut pas oublier que cet infiniment petit doit encore être divisé en 163 parties inégales ! Et ce sont là les soupapes qui devraient nous protéger ! Est-ce assez illusoire ! Est-il besoin d'ajouter la moindre réflexion ?

Tous ceux qui ont écrit sur les volcans ou qui les ont étudiés ou observés sont d'accord sur les remarques générales suivantes :

Parmi les 163 volcans comptés plus haut, 96 sont situés dans des îles et 67 sur les continents ; ces derniers sont tous sur le bord ou très-rapprochés des mers.

Les volcans, grands ou petits, règnent sans aucune exception dans les terrains primitifs.

Les gaz et les vapeurs exhalés par les cratères sont les mêmes que ceux que l'on obtient par la décomposition de l'eau de la mer, et certains volcans, le Vésuve par exemple, déposent du sel marin sur leurs bords.

Les éruptions sont précédées ou accompagnées des mêmes symptômes. Des vapeurs se montrent, des grondements souterrains s'annoncent, des oscillations du sol se font sentir ; les eaux des mers voisines éprouvent des mouvements inaccoutumés ; parfois les eaux minérales s'altèrent ; les sources d'eau douce se troublent ; les puits se tarissent et des fuites d'acide carbonique se manifestent dans le sol et principalement dans les citernes et autres excavations naturelles ou artificielles.

De ces constatations universelles nous ferons ressortir immédiatement ces deux points importants, c'est : 1° que les roches primitives avec les minerais qu'elles contiennent sont indispensables aux phénomènes volcaniques, et 2° que l'eau salée joue un rôle très-actif dans ces combinaisons souterraines.

Je ferai suivre ces préliminaires par l'exposé de deux expériences qui projettent une vive clarté sur la question qui nous occupe. La première est connue sous le nom de volcan artificiel d'Émery (1). Le physicien de ce nom mettait dans un trou creusé en terre un mélange composé de deux parties de limaille de fer et d'une partie et demie de fleur de soufre ; le tout, réduit en pâte molle par l'addition d'une suffisante quantité d'eau salée, était recouvert de terre. Trente minutes après, des gaz et des vapeurs se dégageaient ; une chaleur intense se déclarait et le phénomène se terminait par une explosion, ou mieux une éruption proportionnée à la quantité de matières mises en œuvre.

____

(1) Ce nom s'écrit habituellement *Lemery*.

Des effets calorifiques analogues résultent de la même expérience faite avec d'autres métaux que le fer. Toute la différence c'est que les combinaisons chimiques qui en découlent n'ont pas la même composition. D'ailleurs, ces expériences ont pour cortége, dans une perspective infiniment réduite, les symptômes qui caractérisent les véritables éruptions volcaniques.

Le deuxième phénomène que j'invoquerai n'est autre que la lampe électrique. Sans entrer dans les détails du jeu de cet appareil, il suffit de dire qu'au moyen de courants électriques convenablement aménagés, des morceaux de graphite sont amenés à un très-vif éclat d'incandescence.

Sans doute le volcan d'Émery n'est même pas une miniature des volcans naturels ; la limaille de fer qui en fait la base n'est pas une production libre du sol ; sans doute les agents de la lampe électrique n'ont aucun rapport avec la colossale puissance de ceux de la nature ; mais ces opérations expérimentales n'ont pour objet qu'une indication générale des phénomènes possibles auxquels peuvent donner lieu les substances et forces de l'univers. Aussi nous ne conserverons de ces expériences que les deux faits qu'elles dénoncent, savoir : que des courants électro-magnétiques peuvent amener la fusion des minerais, et que la fusion de certaines matières dans lesquelles entre l'eau salée engendre des éruptions semblables à celles des volcans.

Ceci entendu, nous n'instruirons personne en rappelant que les terrains primitifs, indispensables à la production des laves, sont sillonnés en tous sens par des vei-

nes de minerais les plus divers, fer, cuivre, graphite, etc.;
qu'au dire de tous les physiciens, ces veines sont
parcourues par des courants électriques d'une puissance
énorme. Il y a donc constamment en présence tous les
éléments de la combustion, ou, pour mieux préciser, il y
a constamment combustion sur quelques points des
régions souterraines. Que dans ces fournaises, infiniment
petites par rapport à la sphère, mais dont quelques-unes,
à nos yeux, seraient prodigieuses, arrive un jet de la mer,
l'esprit aperçoit sur-le-champ la série des actions dites volcaniques. La projection de l'eau dans ces foyers immenses
détermine tous les caractères, toutes les combinaisons
et tous les phénomènes soit des éruptions, lorsque les
cratères sont ouverts ou que la force des gaz dépasse la
résistance des parois, soit des tremblements de terre
dans les cas opposés, soit enfin des soulèvements, lorsque les roches enveloppantes ont une certaine élasticité.
Les soulèvements s'affaissent parfois, lórsque cessent
les causes qui les ont provoqués. Les cratères s'éteignent,
lorsque la matière en combustion s'épuise ou lorsque
l'eau de la mer n'y arrive plus. Il n'est pas de particu-
larité si minime qu'elle soit, pas de décomposition si
étrange qu'elle paraisse, pas de désordre si anormal
qu'il se présente qui ne trouve sa justification, son explication dans les forces terrestres convenablement mises
en jeu.

Nous arrêter maintenant sur les eaux thermales serait
sans intérêt; que leur température provienne d'une
pression plus ou moins considérable, ou qu'elle soit due
au voisinage d'un centre de combustion, elle rentre dans
le même ordre d'explications.

Nous nous passons ainsi du feu central qui, sous quelque face que nous l'ayons considéré, nous a toujours conduit à des impossibilités manifestes, pour ne pas dire plus. Je vais une dernière fois, et d'une façon toute spéciale, discuter encore cette thèse si souvent et si commodément invoquée.

Je pars de cette proposition: la terre s'est refroidie. Ce refroidissement n'a pu se faire que suivant une loi uniforme, loi qui est une propriété de l'univers, qui en fait partie intégrante et qui ne peut en être séparée n'importe à quel moment de la durée. Tous les physiciens paraissent d'accord sur ce principe. Examinons les conséquences rigoureuses de cette loi en l'appliquant successivement au passé et à l'avenir. Dans cette recherche, nous pouvons employer les siècles sans compter; et, à cet égard, quelle que soit notre prodigalité, nous n'arriverons jamais à épuisement.

Commençons d'abord par le passé et d'un bond transportons-nous à l'époque où le globe n'était qu'une boule liquide en fusion. L'ensemble de nos connaissances nous porte à affirmer que dans une semblable masse les matières les plus lourdes se précipiteront au centre, tandis que les plus légères flotteront à la surface. Nous aurions donc à nous demander pourquoi dans la croûte terrestre il se trouve des bancs de minerais très-denses intercalés dans des couches granitiques beaucoup plus légères. Mais ne nous arrêtons pas à ces détails et poursuivons notre course.

En remontant suffisamment les siècles, toujours accompagné de la loi d'échauffement, nous arriverons au

moment où tout le globe n'était qu'une immense sphère de
vapeur, et nous serons encore bien loin du terme de
notre voyage ; car aussi haut que nous nous supposions,
nous aurons toujours l'infini devant nous, et l'imagination n'aperçoit de limite à cette ascension que quand les
atomes de notre terre, atome elle-même de second ordre
dans la multitude des mondes, occuperont l'infini de
l'espace et seront mélangés avec ceux des autres corps
célestes, c'est-à-dire que nous nous perdrons nécessairement dans le chaos d'où est parti M. Zimmermann.
Seulement, j'avoue que je ne sais pas comment sortir de
cet état de confusion ; je n'ai pas la moindre idée sur la
manière dont les soleils, les planètes et les satellites
pourront choisir et s'incorporer les atomes qui devront
les composer. Je serais tout disposé à faire intervenir
une baguette magique, mais l'embarras resterait le
même, parce que, dans l'hypothèse où nous nous main-
tenons, il n'y aurait pas de place pour cette baguette;
que, de plus, le chaos ayant par lui-même une durée indéfinie, il resterait à débattre le point bien autrement difficile de savoir pourquoi l'action de cette puissance se
serait fait si longtemps attendre.

Je laisserai à d'autres mieux avisés et plus autorisés
le soin de résoudre ces questions. Je reviens donc au
point de départ, et je vais essayer d'être plus heureux
en plongeant dans l'avenir.

Puisque le refroidissement est constant, nous pouvons
sans temps d'arrêt nous élancer à l'époque où le dernier
végétal aura disparu sous la congélation, et pour que
l'on ne conserve aucun espoir d'un retour quelconque à

la vie, nous pouvons supposer une témpérature de 200, 500 ou au besoin 1,000° au-dessous de zéro. Tout est bien fini pour jamais ; l'eau et toutes les autres matières sont pétrifiées sous un froid terrible ; tout mouvement a cessé ; partout le silence règne sans conteste et la terre est condamnée à promener indéfiniment un repos éternel.

Qu'on ne dise pas que ce tableau est chargé ; il est la fidèle expression, l'aboutissement suprême de la doctrine du feu central.

Ma raison proteste contre une pareille conclusion : matière et force, force et mouvement, mouvement et vie sont des corrélatifs inséparables. Dire que la matière, à partir d'une certaine heure de la durée, subsistera ensuite indéfiniment, dépourvue de force, de mouvement et de vie, c'est d'un seul coup renverser toutes les notions scientifiques et anéantir toutes les facultés de l'entendement.

CONCLUSIONS

Nous croyons avoir démontré : 1° *que toutes les hypothèses* émises comme justification du feu central sont en opposition formelle avec quelques-unes des vérités tenues pour incontestables dans toutes les branches de notre savoir ; 2° que les *faits* attribués à l'ignition intérieure de notre sphère trouvent une explication rationnelle dans le jeu ordinaire des forces et propriétés de la matière ; 3° enfin, que l'hypothèse même du feu central conduit infailliblement, et pour le passé et pour l'avenir, à la destruction de toutes les lois connues et à la confusion de l'intelligence et de la pensée.

D'où je déduis une négation radicale de ce prétendu feu. Cependant presque tous les savants se prononcent pour l'affirmative. Chez quelques-uns, et je parle des plus notables, la conviction paraît tellement bien établie que ce n'est même plus une question ; ils s'occupent déjà des marées de cette mer de feu et en recherchent les effets sur la croûte solide. On ne peut qu'applaudir à ces recherches ; mais si leur point de départ est faux, leurs observations s'égareront et leurs travaux n'auront qu'une utilité relative pour la science et le progrès.

Disons-leur donc que nous ne partageons pas leur croyance ; soumettons-leur nos hésitations et nos doutes, nos négations et nos affirmations ; demandons-leur de nouvelles explications, et qu'enfin la déesse Vérité ne rougisse pas de se présenter à nos regards dans son plus simple costume.

FEU CENTRAL

RÉPONSE

AUX CRITIQUES FORMULÉES CONTRE LE PREMIER
MÉMOIRE DE M. BON

Les phénomènes géologiques, traduits devant l'activité humaine, sont envisagés à deux points de vue bien différents. Le premier, que j'appellerai *historique*, est la description détaillée des changements brusques ou lents, des événements retentissants ou silencieux qui affectent notre planète; le second, qui est réellement le côté scientifique ou philosophique, a pour double objet la recherche des causes qui déterminent ces phénomènes et l'appréciation des conséquences qui s'en déduisent.

Dans l'un, il n'y a et il ne peut y avoir de contestation que sur de légers défauts d'observation ou sur quelques négligences dans l'expression des faits observés ; tandis que dans l'autre se dresse, en dehors de ce *pourquoi* qui, comme le sphinx antique, défie notre sagacité, cette autre formidable question du *comment*, dont la solution est l'essence de toutes les sciences, le motif de toutes nos dissertations et le régulateur de toutes nos convictions.

A ce *comment*, que la nature oppose sans cesse à notre

curiosité, s'ajoute ici une difficulté extrèmement grave;
c'est que les faits sur lesquels on spécule embrassent
une durée sans limite, tandis que la partie descriptive
n'occupe qu'un point de cette durée ; c'est que les phénomènes à juger sont, dans leur ensemble, indéfinis non-
seulement quant au temps, mais encore quant au nombre
et à la variété, tandis que les bases d'appréciation sont
restreintes à des observations isolées, peu coordonnées,
sans liaison suivie et laissant libre champ aux hypothèses les plus diverses, aux déductions les plus hasardées, et conséquemment aux discussions les plus vives,
sinon les plus intéressantes.

Le modeste travail que j'ai eu l'honneur de vous soumettre s'attaquait précisément au point à la fois le plus
pauvre comme observation, le plus disputé comme question de principe et le plus important comme conséquences. Je m'attendais donc à la controverse, et je suis
heureux de constater qu'elle ne m'a pas fait défaut.
Deux de nos collègues ont entrepris, dans des genres
différents, la réfutation de mon mémoire ; quelques ama-
teurs étrangers qu'intéresse la question ont bien voulu,
sur ma demande, me faire également part de leurs idées.
Je tiens à examiner ici non pas une à une, mais l'ensemble des observations ou objections qui ont été produites. Cependant je ne voudrais ni abuser de vos
instants ni lasser votre patience. L'objet discuté n'est
pas une récréation de l'esprit; il ne peut captiver l'attention que par courtes périodes et à des intervalles éloignés. Ce n'est donc que quand le programme de nos
réunions laissera quelques moments libres que je solli-
citerai l'honneur d'être entendu.

J'ai quelque raison pour déclarer que je ne m'attacherai qu'au fond même du débat, qui est parfaitement circonscrit, sans y faire entrer la question de forme qui varie selon la nature, le tempérament et les habitudes de chaque acteur. Je n'ignore pas que la courtoisie dans l'expression est loin de diminuer la valeur des arguments invoqués; mais dans nos soirées intimes, c'est peut-être le cas d'être indulgent pour une certaine crânerie dans les allures, et de ne pas s'effaroucher trop pour quelques mots qui ne seraient pas en très-bonne intelligence avec les usages. C'est sous le bénéfice de cette réserve que j'aborde mon sujet.

De la lecture des divers documents qui ont passé sous vos yeux, il ressort quelques réflexions générales qui marquent le début de cette nouvelle causerie. Ainsi :

1° J'avais la pensée d'avoir examiné tous les arguments sérieux invoqués par les partisans du feu central. Il paraît que je me suis fait illusion, car M. Brault écrit quelque part que j'ai discuté *quelques-uns* de ces arguments. Cette restriction annonce expressément que j'en ai passé sous silence le plus grand nombre. Je m'attendais à leur apparition. Il n'en a pas été ainsi. Je le regrette d'autant plus vivement que, d'une part, tout ce que j'ai lu dans les nombreux ouvrages sur la matière rentre plus ou moins directement dans les divisions générales que j'ai exposées, et que, de l'autre, les témoignages que M. Brault semble tenir en réserve pourraient peut-être ajouter quelques éléments dans un sens ou dans l'autre pour asseoir une conviction. Toutefois, et jusqu'à plus ample informé, il m'est permis de persister dans la pen-

sée que j'ai tenu compte de toutes les hypothèses
serieuses et envisagé tous les faits de quelque valeur,
autant du moins que le comporte le cadre de nos conver-
sations.

2° Je faisais remarquer, dans mon premier travail, que
le solide règne sur toute la surface de notre sphère ;
qu'il se montre partout et toujours dans toutes les excavations naturelles et artificielles, que, dès lors, on res-
tait dans les lois de la logique la plus rigoureuse en
proclamant comme conséquence, et sans autre considération, qu'il en doit être de même pour toute la longueur
du rayon terrestre. Si, contrairement à ce que nous
voyons, à ce que nous touchons, à ce que nous consta-
tons à toutes les profondeurs connues, on vient nous
enseigner que le centre est un liquide en feu, il faut
nécessairement appuyer cette assertion par des preuves
irréfutables. En d'autres termes, il n'y a pas à faire
appel au moindre effort de l'esprit en faveur du solide
puisqu'il est partout ; tandis qu'il nous faut une démonstration en bonne forme pour faire admettre la mer ignée
non-seulement parce qu'elle ne se trahit nulle part,
mais encore parce qu'ordinairement le liquide se tient
sur le solide et que cet ordre, sauf quelques cas excep-
tionnels, n'est jamais interverti. Il m'a semblé que la
dissertation de M. Brault s'écartait sensiblement de ce
point de vue. Je n'ai pas su y découvrir le désir d'apporter de nouvelles preuves justifiant sa foi au feu central ; mais je dois rendre à notre collègue cette justice
qu'il a témoigné d'une bonne volonté peu commune à
critiquer mes raisonnements. Rien n'a trouvé grâce
devant ses scrupules. Toutes mes déductions lui

paraissent reposer sur des hérésies. A chaque phrase,
il m'avertit que j'ai fait fausse route ou méconnu de
simples notions scientifiques. Il pousse même si loin sa
charitable sollicitude qu'il m'impute à défaut l'ortho-
graphe d'un nom propre que j'ai dû conserver par
respect pour l'auteur qui le rappelle. En résumé, mon
mémoire ne serait qu'une série d'opinions surannées, de
fausses doctrines, d'erreurs manifestes, et pour tout dire
un manque d'égard au bon sens et à la raison. Je demande
à M. Brault la permission de ne pas souscrire d'emblée à
son appréciation. Je conserve même l'espoir de le
ramener sinon à quelque indulgence, du moins à une
sévérité plus mesurée.

3° M. de Cossigny, dans une remarquable étude exclusivement circonscrite à la géologie, a développé une
série de faits, de phénomènes qui trouvent une interprétation jusqu'à un certain point satisfaisante dans
l'hypothèse du feu central. Ce n'est pas à proprement
parler une critique de mon mémoire, c'est un faisceau
d'observations, de phénomènes en faveur de la thèse
que je combats. Je consacrerai à la revue de cette étude
toute l'attention qu'elle mérite.

Je suis donc amené à diviser cette réponse en deux
parties très-distinctes, l'une ayant pour objet la discussion des critiques de M. Brault, et l'autre spécialement
réservée à l'examen du travail de M. de Cossigny.

Iʳᵉ PARTIE

DISCUSSION DES CRITIQUES DE M. BRAULT

Pour tout ce qui concerne les hypothèses, M. Brault s'est contenté d'annoter les paragraphes de mon mémoire. Cette façon de procéder est plus expéditive et ne perd rien en clarté pour tous ceux qui ont le manuscrit sous les yeux. Il n'en est plus de même pour ceux qui en écoutent la lecture. En outre, ces annotations, tout en satisfaisant parfaitement au but que l'on se propose, laissent entre elles un certain décousu qui ne se prête pas facilement à une réponse d'ensemble. Je m'efforcerai de surmonter cette difficulté en réunissant par groupes ou chapitres les objections de même nature ou contre le même ordre d'idées. Afin de ne pas fatiguer l'attention et de la maintenir sur le véritable sujet, j'ai détaché de cette réponse les quelques démonstrations techniques auxquelles j'ai eu recours et les observations de détails qui peuvent, sans nuire à la discussion, être passées sous silence. Je les ai fait figurer au bas des pages sous forme de notes.

LA TERRE CONSIDÉRÉE COMME UNE FRACTION DU SOLEIL

Théorie de Laplace. — Hypothèse de Zimmermann.

La théorie de Laplace et l'hypothèse de Zimmermann ne sont réellement qu'une seule et même explication de la formation des mondes. L'un considère la matière

dont se compose le système planétaire à l'état de
nébuleuse tournant autour d'un axe et douée d'une température excessive. L'autre remonte à l'état atomique
et fait également tourner l'ensemble autour d'un centre
sans nous fixer sur la température du chaos. La nébuleuse du premier se refroidit, se resserre et augmente la
vitesse de son mouvement de rotation ; la sphère du
second se condense par l'attraction, s'échauffe au contraire en se resserrant et accélère aussi sa vitesse de
rotation. L'un et l'autre nous présentent une série de
disques qui, en vertu de la rupture d'équilibre entre les
forces centripète et centrifuge, se détachent successivement de l'équateur pour former les planètes, qui elles-
mêmes, à l'exemple de leur auteur, procréent de la même
manière des planètes de second ordre appelées satellites.
Telle est la théorie à laquelle l'illustre Laplace a
donné son nom.

Présentée clairement, dans un style élégant et imagé,
cette théorie séduit l'esprit ; l'imagination aime à se
figurer ce globe incommensurable lançant dans l'espace
le frai des mondes : la pensée grandissant voit le soleil
et tout son cortége emportés, comme une simple planète,
autour d'un autre centre solaire plus puissant encore et
perdu dans les profondeurs de l'espace, lequel tournerait
de même autour d'un autre, et ainsi de suite indéfiniment.
Si l'on considère que les mouvements des astres que
nous connaissons ne sont pas trop rebelles à l'inflexible
langage du calcul basé sur ces données, on comprendra
la faveur qui s'attache à cette théorie et le culte dont
elle doit être l'objet. Aussi on ne tolère guère de contradiction ; le moindre signe d'incrédulité n'est pas permis,

et il devient une faute chez un pauvre hère dont la raison mal disciplinée ne se plie pas à toutes les conséquences de cette brillante conception (1).

J'avais signalé quelques points qui me paraissaient en contradiction avec les notions connues ; entre autres, j'émettais cette réflexion bien naturelle que puisque le soleil était un corps opaque, non embrasé, il n'avait pu, abstraction faite de toutes autres impossibilités, donner naissance à un globe en ignition.

On m'a répondu que si le noyau central était opaque, la photosphère, par une démonstration sans réplique de l'analyse spectrale, était incandescente et qu'il n'en fallait pas davantage pour justifier la fusion terrestre. Cette explication, malgré tous ses éléments lumineux, loin de produire la moindre lueur dans mon entendement, y ajoute au contraire de nouvelles ténèbres.

Car : 1° le centre étant opaque et le pourtour en feu, il en résulte que pour le soleil le refroidissement s'opère du centre à la circonférence, tandis que pour la terre il suivrait une marche inverse et irait de la circonférence au centre. Je ne trouve pas de conciliation possible entre ces deux faits et la supposition que la terre émane du soleil.

2° Si la terre est une portion de la photosphère, je ne puis pas découvrir la propriété sous l'action de laquelle la terre s'est refroidie, condensée et solidifiée alors que

(1) Et pourtant Laplace lui-même n'acceptait cette théorie qu'avec défiance.

la photosphère reste constamment à l'état d'incandescence et paraît échapper à tout refroidissement, à toute
condensation.

Au sujet de l'incandescence égale et perpétuelle de la
photosphère, notre collègue, sans se prononcer, se borne
à opposer les observations suivantes : « Jamais personne
n'a prétendu que cette combustion serait perpétuellement égale ; le mathématicien Poisson, partant de
cette supposition que la température du soleil était de 8
millions de degrés (1), a calculé que dans trois quatril-
lions d'années cette température serait égale à 0°. » Enfin
il ajoute que divers astronomes et physiciens ont admis
que la température énorme du soleil était entretenue
par la chute de corps aérolithiques. Arrêtons-nous un
moment sur ces raisons.

Depuis l'origine des observations humaines, on n'a
pas constaté la moindre diminution à l'état de l'incandescence solaire. Je suis donc autorisé à dire que cette
incandescence est *égale* et *perpétuelle*. C'est un fait qui
emporte avec lui la conséquence que j'en déduis. Dire
qu'il n'en sera pas toujours ainsi, c'est exactement
comme si l'on soutenait que la terre ne tournera pas
toujours. C'est gratuitement émettre une négation sans

(1) Un pareil chiffre est en dehors de notre perception et personne n'y a ajouté la moindre créance. Arago s'en préoccupait
fort peu puisqu'il disait: « Si l'on me posait simplement cette question: Le soleil est-il habité? je répondrais que je n'en sais rien.
Mais qu'on me demande si le soleil peut être habité par des êtres
organisés d'une manière analogue à ceux qui peuplent notre globe,
et je n'hésiterai pas à faire une réponse affirmative.

valeur. Quant aux essais de calculs faits sur ce point, ce n'a été qu'un jeu d'un célèbre mathématicien, et jamais ces sortes de spéculations n'ont été prises au sérieux. Faut-il parler des aérolithes comme moyen de chauffage imaginé par certains savants ? Quant on réfléchit qu'il y a des siècles de siècles que ce foyer suprême s'entretient ainsi, on se demande vainement d'où vient cette quantité incommensurable de ce nouveau combustible et où vont les cendres de cette effrayante combustion. Je confesse que devant de semblables arguments, je resterai un incrédule incorrigible.

3° Les résultats de l'analyse spectrale ne me paraissent pas comporter de conclusions certaines. J'ai eu constamment l'idée que les raies du spectre étaient les indices des diverses substances qui se trouvent dans toute la longueur du rayon examiné depuis le foyer jusqu'au prisme décomposant. Le physicien Janssen, qui a fait de cet objet une étude spéciale, a déjà constaté dans le rayon solaire un grand nombre de raies telluriques. Aujourd'hui on redouble d'essais pour tâcher de reconnaître quel est dans le spectre ce qui est dû à l'atmosphère terrestre et ce qui doit définitivement être attribué au soleil. Le même astronome, à propos de l'éclipse du 8 mars 1867, écrivait à M. Faye une lettre où se lit cette déclaration : « Ceci nous montre que la production des raies solaires n'est point due à une atmosphère telle que la concevait M. Kirchhoff ; car *l'existence* de celle-ci entraînerait une différence dans l'intensité des raies solaires pour le bord et le centre de l'astre, ce qui n'est pas. » En raison de ce désaccord dans les observations, j'avais cru prudent de ne pas

invoquer ces nouvelles expériences, et je suis encore
dans le même sentiment.

Pour cette circonspection, notre collègue me gratifie
d'un retard de dix années. Mon intention n'est point de
protester contre cette appréciation. Si même nous pou-
vions faire un pas de plus vers la vérité, je porterais vo-
lontiers à vingt années le chiffre de mon arriéré. C'est
précisément en raison de ce retard bien et dûment constaté que je demande des lumières aux mortels heureux
qui ont le privilége d'être en avance. Je reviens donc à
la théorie de Laplace contre laquelle je vais formuler de
nouveaux scrupules.

Je ne commettrai pas l'indiscrétion de demander pourquoi la nébuleuse, origine de notre système, avait pu
accaparer une aussi prodigieuse quantité de calorique
pour s'en débarrasser ensuite, ni où va ce calorique qui
abandonne ainsi sans raison connue une place qui paraissait si bien lui convenir. Je borne mes réflexions
aux conséquences directes du système exposé.

OBJECTIONS TIRÉES DES MOUVEMENTS DES ASTRES

Puisque les planètes se sont détachées successivement de l'équateur solaire, elles doivent être toutes sur
le plan de cet équateur. Si l'on suppose au soleil un
mouvement conique analogue à celui de la terre, les
plans des orbites planétaires devront, par rapport à l'é-
cliptique terrestre pris pour terme de comparaison,

suivre une loi uniforme d'inclinaison depuis la planète la plus éloignée, la première qui s'est détachée de la masse centrale, jusqu'à la plus rapprochée, le dernier enfant du père commun des astres. En outre, les mouvements de translation et de rotation devront s'opérer tous dans le même sens, celui de la rotation du soleil. Une seule contradiction à ces lois de la mécanique rationnelle renverserait tout l'édifice et anéantirait la théorie.

Ce que je dis ici des planètes en fonction du centre solaire, s'applique mot pour mot aux satellites par rapport aux planètes génératrices.

Or, d'une part, l'inclinaison des plans orbitaires ne suit aucune gradation, aucune règle, aucune loi. De plus, nous trouvons Uranus qui, contrairement à tout le système, tourne d'orient en occident. Les satellites des planètes sont non moins déréglés dans leurs mouvements respectifs et relatifs que les planètes elles-mêmes. Celles d'Uranus méconnaissent tellement la bonne harmonie qu'elles s'oublient au point d'opérer leurs révolutions dans des plans à peu près perpendiculaires à l'équateur de la planète prétendue génératrice. Il faut donc ou abandonner la théorie, ou considérer l'astre Uranus comme un intrus qui ne figure ici que par suite d'une erreur des puissances de la nature.

OBJECTION DÉDUITE DE LA DENSITÉ DES ASTRES

La densité de la masse solaire étant représentée

par 1, il est certain que cette moyenne correspond à plusieurs unités pour le centre et à une fraction pour la photosphère, fraction d'autant plus petite que la distance au centre est plus grande. D'où il suit invinciblement que la densité des planètes devra aller en augmentant depuis la plus éloignée jusqu'à la plus rapprochée. Toutefois, il est bien évident que jamais cette densité ne devra dépasser celle de la masse créatrice. Ces déductions sont logiques, rationnelles, et je n'imagine pas qu'elles soient l'objet de la moindre contestation. La réalité cependant leur donne le plus formel démenti. En effet, la densité solaire étant 1, nous trouvons pour les densités approximatives des diverses autres planètes, en suivant l'ordre de leur éloignement :

Mercure	6,00
Vénus	3,90
Terre	4,00
Mars	3,85
Jupiter	0,95
Saturne	0,65
Uranus	0,65
Neptune	0,95

J'ai la meilleure volonté de croire, mais je ne me reconnais pas assez de souplesse pour admettre qu'un corps dont la densité moyenne est de 1, puisse engendrer au moyen des fractions les plus ténues de son atmosphère des corps dont la densité est de 6 pour les uns et de 0,65 pour les autres. Cela dépasse mon entendement.

OBJECTION DÉDUITE DE LA COMPOSITION DES ASTRES

Si les astres provenaient de la photosphère, on devrait retrouver dans cette mine universelle tous les éléments qui entrent dans les planètes qui en résultent. Mais on vient nous affirmer, de par l'analyse spectrale, que l'or, l'argent, le mercure, l'aluminium, etc., qui existent dans la terre, sont absents de la photosphère. Assurément, je peux en conclure que la terre n'a jamais fait partie de la photosphère.

Sans pousser plus loin mes investigations, je me crois en droit de déclarer, malgré tout le respect qu'impose le génie de Laplace, que sa théorie de la formation des corps célestes n'est point admissible.

HYPOTHÈSE DE L'EMBRASEMENT TERRESTRE PAR LA RENCONTRE D'UNE COMÈTE

Cette hypothèse, me dit-on, est abandonnée. Je prends acte de la déclaration et je ne fatiguerai pas davantage la Société en prolongeant une discussion devenue sans

---

THÉORÈME. — Si un point matériel doué d'une force initiale constante est en mouvement autour d'un centre d'attraction qui l'attire en raison inverse du carré de la distance, ce point atteindra une circonférence fixe qu'il suivra perpétuellement.

Pour démontrer ce théorème, je rappellerai :

1º Que la courbe décrite par un point ainsi sollicité est une courbe plane ;

2º Que, dans le mouvement, le rayon vecteur engendre des aires proportionnelles aux temps;

objet. Seulement, pour éclaircir quelques points disputés par M. Brault, j'insère sous ces pages des essais de démonstrations élémentaires de deux propositions qui ne manquent pas d'importance : l'une portant que l'orbite théorique de chaque astre devrait être une circon-

3° Que la force centrifuge en un point quelconque de la trajectoire est égale au carré de la vitesse divisé par la distance du point considéré au centre attractif.

Cela posé, envisageons une position quelconque m du point en mouvement. Quelles que soient les influences qui sollicitent ce point, il est clair qu'en dehors du mouvement résultant de la force initiale, nous pouvons les ramener à deux éléments uniques, tous deux appliqués sur le rayon qui joint le point m au centre c. L'un de ces éléments, que je représente par F, attire le mobile vers le centre, et l'autre, que je désigne par f, tend au contraire à l'en éloigner. Or, ces deux forces ne peuvent avoir, l'une à l'égard de l'autre, que l'une des trois dispositions suivantes :

$$1° \ f = F; \qquad 2° \ f > F, \qquad \text{et} \qquad 3° \ f < F.$$

Examinons successivement ces trois situations :

1° Si $f = F$, les deux forces se feront équilibre, et, comme aucune force étrangère ne vient troubler cette condition, il en résulte que le mobile se tiendra toujours à la même distance du centre, c'est-à-dire qu'il se mouvra perpétuellement sur la circonférence dont r est le rayon, r représentant la distance du point m au centre c.

2° Supposons $f > F$ et posons $f = F + h$, h étant une quantité positive plus grande que o. Puisque la force qui tend à éloigner le point est plus grande que celle qui l'attire, il s'ensuit nécessairement que dans son mouvement le mobile, du moins pendant une certaine période de temps, s'éloignera réellement du centre c. Considérons donc un second point m' de la trajectoire pris dans cette période d'éloignement. La distance $m'c$ est plus grande que r, et nous pouvons écrire $m'c = r + y$, y étant une quantité positive plus grande que o. Nous allons déterminer pour ce second point m', les quantités f' et F' analogues à f et F pour le point m.

Si nous désignons par v et v' les vitesses du mobile, dans les positions m et m', nous aurons :

$$f = \frac{v^2}{r}, \quad f' = \frac{v'^2}{r + y} \qquad (1).$$

férence parfaite, et l'autre, que deux astres ne peuvent jamais se rencontrer.

Dans cette dernière, j'ai à dessein négligé les comètes. Je tiens à en faire l'objet d'une mention spéciale.

Les vitesses sont les chemins parcourus par le mobile dans l'unité de temps. Et puisque la position m' peut être rapprochée autant que l'on voudra de m, il en résulte que ces chemins sont des arcs infiniment petits qui à l'unité sont des arcs de circonférence. Conséquemment, les aires décrites par le rayon vecteur seront, pour la position

$$m = \frac{v\,r}{2}$$

Idem.
$$m' = \frac{v'(r+y)}{2}$$

Ces aires étant égales nous en déduisons :

$$v\,r = v'(r+y), \quad v = \frac{v'(r+y)}{r} \tag{2}$$

Des égalités (1) et (2) on tire :

$$\frac{f}{f'} = \frac{(r+y)^3}{r} \quad f' = f\left(\frac{r}{r+y}\right)^3 \tag{3}$$

Les forces attractives F et F' étant en raison inverse des carrés des rayons fournissent :

$$\frac{F}{F'} = \left(\frac{r+y}{r}\right)^2 \quad F' = F\left(\frac{r}{r+y}\right)^2 \tag{4}$$

Les quantités $\left(\frac{r}{r+y}\right)^3$ et $\left(\frac{r}{r+y}\right)^2$ sont moindres que l'unité, donc $f' < f$ et $F' < F$.

Conséquemment, en passant de m à m', les deux forces diminuent. Apprécions ces diminutions. En combinant les égalités précédentes on tire :

$$f' - F' = F'\left\{\frac{r}{r+y} - 1\right\} + h\left(\frac{r}{r+y}\right)$$

Il est visible que $F'\left\{\frac{r}{r+y} - 1\right\} < o$ et $h\left(\frac{r}{r+y}\right) < h$

Donc $f' - F' < h$;

Mais $f - F = h$.

Donc de m à m' non-seulement les deux forces ont diminué, mais leur différence a également diminué.

Il résulte de là qu'après un certain temps cette différence s'annulera et les deux forces f et F deviendront parfaitement égales.

Il faut le dire, les comètes sont de véritables insurgés célestes ; elles semblent se jouer des efforts et des spéculations des humains. Les unes apparaissent soudainement dans toute leur splendeur, à un point du ciel où, la veille, on n'apercevait rien ; d'autres, en véritables camé-

Pour préciser le moment où cette égalité régnera, il suffit de poser $F\left(\dfrac{r}{r+y}\right)^2 = F\left(\dfrac{r}{r+y}\right)^3 + h\left(\dfrac{r}{r+y}\right)^3$

qui donne $y = \dfrac{h\,r}{F}$

Nous pouvons donc affirmer que dès que le rayon vecteur aura pris un accroissement égal à $\dfrac{h\,r}{F}$, les deux forces f et F seront égales et le mobile parcourra indéfiniment la circonférence de rayon

$r + \dfrac{h\,r}{F}$.

Par les mêmes raisonnements, on démontrerait que si au point m, F dépasse f, la différence, à mesure que le mobile se rapprochera du centre, ira s'amoindrissant jusqu'au moment où le rayon vecteur aura atteint la longueur $r - \dfrac{h\,r}{F}$, auquel cas les deux forces seront égales.

D'où il suit que tout corps doué d'une force initiale constante et sollicité vers un centre par une force variant en raison inverse du carré de la distance est amené à parcourir indéfiniment une circonférence déterminée.

Cette conclusion n'est pas d'accord avec les enseignements de la mécanique céleste, qui nous apprennent qu'un corps ainsi sollicité doit décrire une ellipse dont le centre attirant occupe un des foyers. Les formules données par Newton, Laplace, Résal, représentent bien réellement une section conique qui devient une ellipse, une parabole ou une hyperbole, selon l'intensité de la force initiale par rapport au rayon vecteur du point de départ. La direction de cette force initiale n'a aucune influence sur la nature de la courbe.

Je le répète, ces formules ne me paraissent pas devoir donner lieu à la moindre critique, et, d'un autre côté, je ne vois pas en quoi la démonstration précédente puisse être attaquée. La démonstration de M. Brault, qui arrive à la même conclusion, est moins générale. On pourrait, en outre, lui reprocher que, pour passer d'une orbite à une autre, le corps ne décrit pas un arc de cercle, mais une espèce de spirale à laquelle les calculs indiqués ne sont pas applicables.

léons, changent journellement leur apparence : aujour-
d'hui elles ont une queue d'une modeste longueur de
60 millions de lieues ; demain la queue aura disparu
pour faire place à une chevelure, à une barbe, qui se
changera le lendemain en casque lequel peu après dégé-

J'appuierai, du reste, cette conclusion à l'orbite circulaire par une autre considération plus saisissante encore.

c étant le centre d'attraction, c'est-à-dire un des foyers de l'ellipse suivie par un corps, considérons les deux positions m et m' du corps, aux deux extrémités de la perpendiculaire élevée en c sur le grand axe $o\,o$ de l'ellipse ; les flèches indiquent le sens du mouvement. Il est manifeste qu'en ces deux points, toutes les forces qui sollicitent le mobile sont identiques. Cependant, en vertu de la loi des aires, puisqu'il y a réellement ellipse à partir de m, la vitesse augmente, tandis qu'elle diminue à partir de m'. C'est là un fait indéniable qui ne peut s'expliquer que par l'intervention de forces étrangères telles, par exemple, que les attractions d'autres corps. Et, en réalité, un astre quelconque est non-seulement soumis à l'attraction du soleil, mais encore à l'influence de tous les autres corps du même système. C'est la réunion de toutes ces influences qui donne comme résultante une trajectoire qui diffère de la circonférence théorique.

THÉORÈME. — *Deux corps célestes ne peuvent pas se rencontrer.* — Cette proposition constitue une véritable théorie dont l'importance capitale dans la discussion qui nous occupe n'échappera pas aux moins clairvoyants. On me pardonnera une certaine abondance dans les développements en faveur des conséquences que cette proposition comporte.

De l'ensemble de nos connaissances, il résulte d'une manière à peu près certaine que l'espace est peuplé d'une infinité de mondes composés chacun d'un centre d'attraction autour duquel gravitent d'autres corps appelés planètes, qui elles-mêmes servent de centres d'attraction à d'autres astres portant le nom générique de satellites

L'esprit ne répugne pas à concevoir que ces satellites pourraient retenir dans leur sphère d'attraction d'autres corps qui seraient des satellites du deuxième degré. De même, en étendant la conception. rien ne prouve que le soleil avec tout son cortége n'est pas lui-même, ainsi que je l'ai déjà dit, un satellite d'un autre centre plus

nérera en balai ; quelques-unes ont une marche vertigineuse, d'autres se promènent tranquillement avec une vitesse de 5^m par seconde seulement. Ici, une comète nous flagelle de son balai sans que nous nous en apercevions ; ailleurs, c'est un noyau qui hape au passage les

incommensurable encore, caché à nos appréciations, mais que l'intelligence n'éprouve aucune peine à se représenter.

Sans m'arrêter à ces considérations transcendantes, je bornerai l'objet de la discussion à l'univers dont nous fasions partie et aux limites duquel je vais chercher à donner un sens déterminé.

Le principe de l'attraction une fois admis, et tel que nous le comprenons, constitue pour chaque astre en général et pour le soleil en particulier une force qui rayonne dans tous les sens et qui, malgré une diminution progressive à mesure de l'éloignement, s'étend indéfiniment dans toutes les directions. Sans doute, à une distance infiniment grande, l'action de cette force sera infiniment petite. Néanmoins, nous ne pouvons concevoir un point de l'espace, si éloigné qu'il soit dans les profondeurs du ciel, où cette force puisse être nulle.

Ce rayonnement indéfini rencontre, croise et pénètre les rayonnements en nombre infini des autres univers. Il en résulte que, sur chaque rayon, il y a un point où la force attractive du soleil fait équilibre à la résultante de toutes les autres attractions qui se réunissent au même point. En supposant une surface imaginaire conduite par tous ces points d'équibre, on obtiendrait la limite exacte que l'intelligence attribue à l'univers.

Chaque planète, chaque satellite a des bornes analogues.

Ces préliminaires établis, nous ne pouvons concevoir dans l'espace un corps quelconque, à part les centres solaires, qui ne soit soumis à l'influence d'un centre d'attraction. Chacun de ces corps, dans l'échelle de notre savoir, doit décrire l'orbite déterminé par la force initiale dont il est doué et par l'attraction du système auquel il se rattache. Nous savons que cet orbite est un cercle fixe qui dégénère en ellipse par les attractions des autres corps célestes. Si la vitesse initiale du corps considéré est très-grande et sa masse considérable, sa trajectoire sera à une grande distance du centre. Mais il ne pourra jamais sortir de la sphère d'attraction de ce centre, puisqu'il entrerait dans une autre sphère qui le repousserait comme la précédente. Nous pouvons donc déjà retenir

satellites ae Jupiter qui ne paraissent pas être incommodés de cet engloutissement. Plus loin, c'est une comète qui se dédoublera, et les deux parties marcheront ensuite côte à côte en s'éloignant peu à peu comme pour protester contre l'attraction ; puis, après quelques révolu-

cette vérité que tout corps d'un système solaire ne peut passer dans un autre système.

Ce premier point établi, la question se circonscrit aux astres du même système. Voyons s'ils peuvent se toucher. Et d'abord il n'y a pas la moindre crainte à conserver à l'égard de deux astres tels que le grand axe de l'orbite de l'un est moindre que le plus petit de l'autre. Par exemple, entre Mercure et Neptune, pas de rencontre possible, c'est là un second point indiscutable. L'admissibilité d'un choc ne peut être invoquée que pour les corps dont les orbites peuvent se croiser. Si A et B sont dans ce cas, nous pouvons en inférer que, pour le point de jonction des deux orbites, ces deux corps auront le même rayon vecteur. Représentons par m, v et m' v' les masses et les vitesses respectives de ces deux corps, les forces centrales en action seront :

$$\text{centrifuges} \begin{cases} A = \dfrac{m\,v^2}{r} \\[2em] B = \dfrac{m'v'^2}{r} \end{cases}, \text{centripètes} \begin{cases} A = -\dfrac{m}{r^2} \\[2em] B = \dfrac{m'}{r^2} \end{cases}$$

Dans le théorème précédent nous avons vu que, d'après les lois de la gravitation, la force centripète et la force centrifuge se font constamment équilibre sur un même corps. Nous pouvons donc écrire :

$$\frac{m\,v^2}{m'\,v'^2} = \frac{m}{m'} \quad \text{d'où } v = v'$$

Ainsi, théoriquement, si les trajectoires de deux astres se croisent en un point, on peut affirmer qu'à ce point les deux corps ont la même vitesse. Cette égalité mathématique est troublée par diverses autres influences étrangères. Néanmoins, la perturbation effective se maintient dans d'étroites limites, ainsi qu'en témoignent les orbites de toutes les planètes que nous connaissons.

Revenons donc aux expressions

$$\frac{m\,v^2}{r} \quad \text{et} \quad \frac{m'\,v'^2}{r}$$

tions et comme dernière insulte à nos lois, elle disparaît sans donner de ses nouvelles. En un mot, tout est étrange, incohérent, presque fantastique dans ces corps. Aussi à quelle incroyable diversité d'opinions ont-ils donné lieu parmi les astronomes ! Tandis que les uns,

qui représentent les forces centrifuges des deux corps à leur point supposé de jonction et dans lesquelles v et v' sont des quantités égales ou très-peu différentes. Examinons les circonstances qui peuvent se présenter.

1° Si $m = m'$, les deux corps auront la même masse et la même vitesse ; ils opéreront donc leurs révolutions respectives dans le même temps, leurs trajectoires se couperont perpétuellement au même endroit et ils continueront à se mouvoir ainsi éternellement sans jamais pouvoir se rencontrer. Du reste, on comprend très-bien que du moment que deux corps suivent une marche déterminée autour d'un centre, avec la même vitesse, s'ils ne se sont pas rencontrés dans leur première révolution, ils ne se rencontreront jamais.

2° Si $m > m'$, dès que les corps entreront réciproquement dans leurs sphères d'attraction, le mobile A qui a la plus grande masse attirera davantage le mobile B qui, quelle que soit la direction de son mouvement par rapport à A, tournera autour de ce dernier, en deviendra le satellite. Mais dans cette nouvelle évolution B ne pourra jamais se heurter, parce qu'en se rapprochant de A la force centrifuge de B augmente suivant une progression rapidement croissante qui, ainsi que nous l'avons vu au théorème précédent, finit par faire équilibre à la force d'attraction, si grande que soit l'intensité qu'on lui prête.

Il est certain que ce nouveau satellite modifierait profondément la course de A, soit dans les détails, soit même dans l'ensemble. Mais nous n'avons pas à envisager ces circonstances : il suffit pour nous de nous assurer qu'une rencontre est contraire aux lois de la gravitation, et nous croyons que le raisonnement qui précède est de nature à dissiper les doutes.

Il serait du reste inutile d'insister davantage sur ce point, puisque la critique à laquelle je réponds a déjà produit une démonstration en règle de cette impossibilité.

Au surplus, à ne considérer les choses que sous les enseigne-

comme Grégory, Maupertuis et Laplace, prédisent des effets désastreux dans la rencontre d'une comète, les autres, entre lesquels on compte Newton, Herschell, Arago, Faye, nous rassurent complétement sur les conséquences d'une pareille rencontre. Newton pense qu'une comète sans noyau, grande comme d'ici à Saturne, tiendrait dans un dé à coudre, si elle était condensée au degré de l'air atmosphérique. Herschell avance que la queue d'une comète pourrait bien ne peser que quelques onces. Arago s'étonne que Bacon ait pu dire que les comètes ont quelque action sur l'ensemble général des choses. M. Faye déclare que les comètes, noyau et queue, ne sont ni solides, ni liquides, ni gazeux. « A quel état physique, se demande-t-il, faut-il donc rapporter la matière de ces astres singuliers? » Nous l'ignorons complétement.

Dans ses réflexions sur la théorie des comètes, M. Roche déclare que « l'étude analytique de la figure des comètes amènerait à préférer, pour l'explication des

ments de la science, nous devons admettre que les corps existent depuis toute l'éternité et qu'il ne s'en crée pas de nouveaux dans l'espace. Chacun de ces corps a donc sa marche normale tracée depuis toujours. Toutes les déviations aux conséquences théoriques, toutes les perturbations aux régularités mathématiques, en un mot toutes les circonstances qui peuvent caractériser soit chaque orbite en particulier, soit l'ensemble du mouvement général, ont dû se produire un nombre infini de fois ; elles font partie intégrante du système et ne peuvent en être séparées. Toutes les jonctions, toutes les juxta-positions ont dû être un fait accompli dès toute éternité. Je crois donc, ainsi que je l'avançais, qu'une rencontre de deux astres, aujourd'hui ou à une autre époque, serait la négation de la gravitation et le renversement des lois du mouvement.

phénomènes, l'hypothèse de la *force répulsive*. » Bon
nombre d'astronomes, Olbers, Bessel, Maedler, etc.,
émettent la même opinion.

Si donc la nature des comètes nous est cachée, un
voile non moins épais nous dérobe également l'explication des mouvements et des phénomènes qui s'y rattachent. L'idée que les comètes ne sont que des appparen-
ces, des effets lumineux, des jeux d'électricité, ne pourrait pas être sérieusement révoquée. J'avais donc raison
d'annoncer dans mon mémoire que, sur ce point, nos
connaissances ne sont pas suffisantes pour en déduire
des appréciations exactes.

Notre collègue arrive du reste à la même conclusion
quoique différemment formulée. Il proclame son incompétence et regrette que le même scrupule ne m'ait pas
arrêté. Cet appel à la modestie me touche; mais en
rapportant les observations et les opinions des maîtres
sur la matière, en les discutant même, je ne fais qu'user
du droit de conversation. Et en confessant l'insuffisance
de mes connaissances, comme dernière réflexion, je ne
croyais pas avoir franchi les limites de la plus rigoureuse circonspection. Si, d'autre part, nos entretiens ne
doivent rouler que sur des choses pertinemment connues, nous n'aurions qu'à observer le silence le plus
complet sur la question du feu central; car, à cet égard,
je puis dire, sans crainte d'être démenti, que nous avons
tous la même incompétence. Néanmoins, la recherche du
vrai est toujours permise; la controverse est de droit
naturel et rentre dans cette loi philosophique que du
choc des opinions jaillit la lumière. C'est sous la pro-

tection de cette maxime que je poursuis la justification de mes idées.

AÉROLITHES

Si les comètes ne prêtent aucun point d'appui à nos spéculations, il est un autre genre de corps qui se soumettent à nos études directes et qui, dit-on, par leur composition, leur nature et leur marche, témoignent de leur origine céleste : ce sont les aérolithes. On calcule qu'en moyenne il y a six cents chutes par année ; d'où ressort, pour beaucoup de savants, la preuve que deux astres peuvent se rencontrer.

Pendant longtemps ces pluies de bolides n'ont rencontré qu'une complète incrédulité parmi les astronomes. Ces astéroïdes sortaient alors des cadres de la science. Mais il a fallu se rendre à l'évidence, et naturellement on leur attribua les espaces éthérés pour patrie. Cette explication s'imposait de prime-abord à l'esprit, de même que pendant des siècles on accorda au soleil un mouvement de rotation autour de la terre. Cependant, un examen plus attentif, des études plus suivies et des observations plus complètes suscitèrent, contre cette explication, des objections sérieuses. On compte déjà un certain nombre d'hommes marquants qui ne souscrivent pas à l'hypothèse cosmique des bolides. Bien que cette question n'ait qu'un rapport indirect avec le feu central, elle n'en est pas moins fort intéressante, et nous ne croyons pas dépasser les bornes de cette causerie en nous y arrêtant quelques instants.

EXPLICATION ATMOSPHÉRIQUE

Le poids et la composition des aérolithes sont les principaux caractères invoqués en faveur d'une origine extra-terrestre. Mais des expérimentateurs habiles sont déjà parvenus à composer des corps d'apparence, de poids et de sonorité entièrement semblables à ceux des météorites. Dans la séance de l'Académie des sciences du 1er mai dernier, il a été donné lecture d'une note de M. Stanislas Meunier sur la reproduction d'une météorite au moyen d'une roche terrestre. La ressemblance physique est si parfaite que l'œil le plus exercé ne saurait découvrir la plus petite différence. N'était le nickel qui manque à la production artificielle, la composition chimique serait également identique.

Ainsi, les signes, les caractères, les propriétés qui plaçaient les pierres tombées du ciel en dehors des corps de notre terre disparaissent successivement par des opérations plus minutieuses, et tendent à s'évanouir par des études et des expériences plus complètes. On sait aujourd'hui que tous les éléments qui composent ces corps sont terrestres. On peut même, par des moyens terrestres, constituer leur état moléculaire. Il est donc rationnel d'en conclure que ces corps sont essentiellement terrestres.

Si, d'autre part, nous interrogeons les météorologues et les physiciens, ils nous répondent qu'il s'élève dans les régions supérieures de l'atmosphère, soit journellement sous forme d'infiniment petits, soit par intervalles.

pendant les cyclones, les trombes, les ouragans, etc.,
et sous forme de fragments plus ou moins grands, des
volumes relativement considérables de toutes les matières qui composent la surface terrestre. Pour ne citer
qu'une appréciation, je mentionnerai que, suivant Egen,
il s'élève annuellement des usines métallurgiques de
Clausthal, plus de dix millions de kilogrammes de
vapeur composée d'eau, de plomb, de fer, de zinc,
d'antimoine et d'arsenic. En nous rappelant l'énergie
des forces qui agissent dans la contrée des nuages,
l'esprit ne rencontre nulle difficulté à se présenter ces
molécules solides se rapprochant, se combinant, se
transformant, et finalement nous revenir sous les
expressions d'astéroïdes, de bolides, de météorites, etc.;
de même que les molécules de vapeurs d'eau se rappro-
chent, se condensent, se massent et nous sont ren-
voyées sous forme de pluie, de neige et de grêle.

Cette interprétation acquiert un nouveau caractère de
probabilité, si l'on réfléchit que la trajectoire de ces
astéroïdes si composée qu'elle soit, leur éclat si varié
qu'il nous apparaisse, leur vitesse si irrégulière qu'elle
se présente, n'ont rien d'incompatible avec la puissance
électrique. Les effets enregistrés par la météorologie au
sujet de l'électricité offrent des particularités sinon
identiques, du moins analogues à toutes celles qui
peuvent caractériser les bolides.

OBJECTIONS CONTRE L'HYPOTHÈSE COSMIQUE

Si maintenant, à côté de cette explication si naturelle
et j'ose dire si humaine, nous plaçons l'hypothèse cos-

mique, nous nous trouverons en face d'objections
sérieuses, invincibles ou contradictoires avec nos connaissances astronomiques.

La loi de la gravitation, disent les savants, règle les
orbes des astres, entraîne les plus petits autour des
plus grands et enchaîne les éléments du système solaire
auquel nous appartenons dans des limites infranchissa-
bles. Comment concilier cette inflexible loi avec les
pierres supposées descendues du ciel? Ces pierres ne
marchent donc pas réglementairement suivant la loi
énoncée. Elles vaguent donc libres, sans boussole, à
travers les mondes, épiant le moment favorable pour
s'unir à un astre de leur choix. Si on leur refuse ce privilége, contraire au bon ordre des hautes régions, il
faut nécessairement admettre qu'elles appartiennent
à une sphère attractive quelconque, qu'elles étaient des
satellites d'un astre déterminé. Mais si c'étaient des
satellites de la terre, nous demanderons en vertu de
quelle perturbation ils pourraient quitter leur éternelle
trajectoire pour tomber sur le centre. Nous savons, en
effet, que la marche d'un satellite terrestre est une courbe
fixe qui résulte de l'action simultanée d'une impulsion
initiale constante avec la force attractive du globe. Le
corps enchaîné à cette courbe ne peut pas la quitter; la
force centrifuge s'oppose à une déviation intérieure et
la force centripète à un écart extérieur. Conséquemment,
les bolides n'ont jamais pu être des satellites de la terre.

Si nous envisageons un autre astre, le même raisonnement s'y transporte sans aucune modification. De
plus, si un satellite d'une autre planète pouvait quitter
sa sphère attractive pour entrer dans un rayon de l'ac-

tion terrestre, il s'approcherait de la terre jusqu'au point
où les forces centrales se feraient équilibre, et alors il
tournerait dans une circonférence qu'il ne quitterait plus ;
il deviendrait ainsi un satellite de la terre, et non pas
un projectile qui lui serait lancé par une artillerie
inconnue.

Vainement dira-t-on que les météorites sont ou des
astéroïdes tournant autour du soleil ou des débris d'une
planète brisée par suite d'un cataclysme non dévoilé.
Cette nouvelle explication ne satisfait pas mieux que la
précédente ; elle aggrave même les objections que je
viens de signaler. Et d'abord pour qu'une planète se
brise, il faut une cause, car elle n'a pu se briser elle-
même. Quel est le marteau qui pourrait produire un tel
effet, sinon une autre planète plus considérable ? Mais
s'il avait pu en être ainsi, la planète la plus résistante,
la plus forte, celle en un mot qui serait sortie victorieuse
du combat, aurait retenu à ses flancs, au moyen des
chaînes de l'attraction, tous les débris de l'astre vaincu
et les aurait absorbés.

Cette conséquence est indéniable ou bien la gravitation n'est qu'un vain mot. Sans revenir sur les considérations qui s'opposent à une pareille rencontre, admettons cette première impossibilité, et raisonnons dans
l'hypothèse où les météorites sont ou des astéroïdes,
embryons de planètes, ou des éclats d'une planète brisée, tournant autour du soleil comme tous les autres
corps de notre système.

J'ai déjà établi que si ces astres infiniment petits pouvaient quitter leur trajectoire par l'influence de la terre

ils deviendraient les satellites de cette dernière, mais c'est sur un autre ordre d'idées que je me propose d'appeler l'attention.

La terre, on le sait, parcourt une obite régulière autour du soleil. Dans l'hypothèse admise, à chacun de ses tours elle engloberait quelques-uns des astéroïdes en cause. Ceux-ci ont également une marche régulière autour du même centre. L'une et les autres marchent de la sorte depuis des milliers de siècles, pour ne pas dire depuis toute éternité. Toutes les circonstances relatives et respectives de ces mouvements réguliers ont donc dû se présenter une infinité de fois ; toutes les absorptions par la terre ont donc dû être faites depuis l'origine des temps ; le chemin qu'elle décrit a donc dû être déblayé depuis toujours, et il n'est pas possible de concevoir comment aujourd'hui il reste encore des résidus sur son passage. Les chutes actuelles, si elles ne sont pas fournies par l'atmosphère, ne laissent de place qu'à l'une des deux explications suivantes : ou à chaque passage certains astéroïdes échappent à l'attraction terrestre comme à travers un crible, se réservant pour de nouvelles révolutions, ou bien, après chaque tour, la masse des astéroïdes, poussée par quelque mécanisme olympien, s'avance d'un cran pour qu'une nouvelle bande tombe sous l'action terrestre à une première visite. Je ne vois pas d'autre interprétation du phénomène, surtout si l'on se rappelle qu'à certaines périodes de l'année, ces pluies de pierres prennent une activité très-accentuée. Il est bien permis, sans crainte d'être taxé d'obstination, de ne pas acquiescer à de semblables raisonnements.

Ainsi, avec l'hypothèse atmosphérique, les pluies de pierres, les météorites, les bolides, se rangent naturellement dans la catégorie générale des phénomènes météorologiques. Leur origine, leur formation, leur marche et leur composition physique et chimique ne sont que des produits terrestres modifiés et combinés par les forces de la nature convenablement mises en jeu.

L'hypothèse cosmique, au contraire, remet en cause la loi de la gravitation et compromet l'ordre qui préside aux mouvements des astres. Néanmoins, cette dernière est presque universellement admise. Est-ce parce qu'elle est plus probable ou mieux démontrée ? Les réflexions qui précèdent me semblent valoir une négation. Mais l'esprit humain est ainsi caractérisé qu'il cherche par delà les bornes de notre sphère l'explication des événements et des phénomènes dont il n'aperçoit pas immédiatement les causes, tandis que la plupart des solutions après lesquelles il court se trouvent dans le grain de poussière, dans le filament et dans tous les autres infiniment petits, incommensurables en nombre qui du sol s'élancent dans les régions supérieures. Sans insister sur cet ordre de considérations, je crois être en droit d'émettre cette assertion que la chute des météorites ne prouve nullement que deux astres peuvent se rencontrer.

BOLIDES CONSIDÉRÉS COMME ÉMANANT DE LA LUNE

Une opinion bizarre, qui ne manque pas d'un certain crédit, nous donne les volcans de la lune pour berceau des météorites. Des mathématiciens illustres, entre autres Lalande et Poisson, ont calculé que, pour franchir la sphère attractive de la lune, il suffirait qu'un corps quelconque eût une force de projection correspondante à une vitesse de 2,500^m par seconde. Cette condition ne semble pas sortir du cercle des possibilités lunaires. Je serais même tout disposé à croire que si cette puissance seule pouvait résoudre la difficulté, MM. les Sélénites, pour peu qu'ils aient quelque analogie morale et sentimentale avec nous, auraient déjà trouvé des canons pour mitrailler la terre. Mais en admettant qu'un boulet, une fusée ou un fragment de lave pût dépasser la surface neutre des deux attractions lunaire et terrestre, j'avance que le projectile ainsi lancé n'arriverait jamais sur la terre. Il est facile de s'en convaincre.

Personne n'ignore que si d'un wagon à toute vitesse on lance un objet quelconque, cet objet décrira par rapport au point de départ, une courbe exactement semblable à celle qu'il suivrait si le wagon était en repos. Pendant le temps de son mouvement spécial, le corps projeté a donc parcouru, dans le sens de la marche du wagon, la même distance que le wagon lui-même; ou, en d'autres termes, le mouvement qui lui a été imprimé n'a point altéré la vitesse initiale qu'il tenait du point de départ. Ce phénomène, qui journellement se renouvelle sous nos yeux, est général. Il constitue un principe connu en mécanique sous le nom de *loi de l'indépendance des mouvements.*

L'application de cette loi, dans le cas que nous considérons, nous montre le projectile lunaire, n'importe à quel point de sa trajectoire, emporté par une vitesse initiale perpétuellement égale à elle-même et à celle de la lune. Si donc il pouvait dépasser la surface neutre spécifiée plus haut il serait soumis à deux forces identiquement semblables à celles qui sollicitent la lune; il serait donc forcément amené à décrire une orbite absolument semblable à celle de la lune; ou, plus explicitement encore, les forces centrales unies à la force initiale le reporteraient au point de départ.

. Si, comme j'en suis persuadé, ces déductions ne peuvent être attaquées, je puis en conclure que l'opinion que je combats au sujet de l'origine des bolides, malgré sa séduisante apparence, n'est pas mieux fondée que l'hypothèse cosmique.

Le restant des observations faites contre la partie hypothétique du mémoire n'a qu'un rapport tout à fait indirect et très-lointain avec la question débattue. Je crois devoir les passer sous silence pour aborder sans autre préambule la II⁰ partie, celle qui est basée non plus sur des hypothèses, mais bien sur des faits.

IIᵉ PARTIE

Rien dans tout ce que j'ai avancé n'a été attaqué avec autant de véhémence que mes observations sur l'aplatissement terrestre. Notre collègue s'est engagé sur ce point dans une dissertation très-vive et très-longue à laquelle je ne répondrai que fort brièvement ; parce que, d'une part, le fait particulier de l'aplatissement ne confirme ni n'infirme en rien l'existence d'un feu central, et que, d'autre part, tout ce que j'ai dit à cet égard est bien certainement ce qu'il y a de plus irréfutable dans toute mon argumentation. Assurément, je n'ai pas la prétention d'être un modèle de clarté dans l'exposition de mes idées; néammoins, je me flattais de donner à tout lecteur la possibilité de saisir ma pensée. Il paraît que je me suis étrangement abusé, puisque M. Brault est choqué, j'allais dire scandalisé des théorèmes que j'invoque et des principes sur lesquels je m'appuie. Les uns et les autres sont pourtant de véritables axiomes scientifiques. Je vais essayer d'être plus compréhensible.

Tous les corps de la nature se présentent à nous sous trois états physiques bien définis : gazeux, liquide et solide. Les gaz et les solides, sous des énergies convenablement dirigées, jouissent, chacun dans des circonstances diverses, de la faculté particulière de changer momentanément de forme jusqu'à une certaine limite et de reprendre leur forme primitive dès que cessent les forces auxquelles ils obéissaient. Les liquides seuls se sont montrés réfractaires à cette propriété.

En faisant tourner un corps élastique autour d'un axe, une sphère, par exemple, elle prendra une forme elliptique déterminée que l'on appelle la forme d'équilibre et qui sera une fonction composée de la vitesse de rotation et de l'élasticité de la matière en mouvement. On peut expérimentalement se rendre compte de ce phénomène en opérant sur une sphère creuse en métal, cuivre, tôle, zinc, etc., ou sur un disque en bois ou métal tournant autour d'un diamètre.

Il est évident que ce n'est pas à ce genre de renflement que les partisans du feu central font allusion pour en déduire une preuve de la liquéfaction du globe à une époque quelconque, puisque le liquide seul ne se prête pas à cette déformation particulière. Ce serait même un indice contraire à leur croyance. J'ai donc fait abstraction entière, absolue de ce cas spécial et j'ai considéré l'aplatissement terrestre comme résultant d'un déplacement réel des molécules de la sphère. Le problème ainsi limité, circonscrit, supprime tout malentendu et l'argumentation du mémoire est hors de toute atteinte.

Au surplus, l'assertion que toutes les molécules liquides auraient dû se transporter ou êtres entraînées dans le plan de l'équateur ne m'est pas exclusive (1).

(1) Je dis que si la rotation avait pu déplacer une seule molécule du globe, supposé liquide, toutes les mers auraient dû se réunir à l'équateur.

(Il est bien entendu, et je le répète pour une dernière fois, que je

Dans un ouvrage récent et de première importance sur les continents, M. Reclus s'exprime ainsi :

« On ne comprendrait pas davantage que la terre ne fût pas beaucoup plus déprimée aux pôles qu'elle ne l'est actuellement, et qu'elle ne fût pas transformée en *véritable disque.* »

fais abstraction de la forme d'équilibre résultant physiquement et mécaniquement de l'élasticité de la matière.)

Soit m un atome quelconque de la masse liquide dont l'ensemble est figuré par des hachures sur la projection de la sphère. Admettons que l'effet de la rotation ait pu déplacer l'atome m et l'amener en m', par exemple. Ce déplacement, comme nous le savons, résulte de deux forces, l'une qui attire le point m au centre c, et l'autre, la force centrifuge, qui tend à l'en éloigner suivant $m\,f$ perpendiculaire à l'axe de rotation.

D'après un théorème de mécanique bien connu, cet atome ne suivra ni l'une ni l'autre des deux forces qui le sollicitent, mais une direction intermédiaire qui le rapprocherait sensiblement du centre en raison de la prédominance de la force attirante. Ce rapprochement étant empêché par la masse qui s'étend de m en c, l'atome m est forcé de glisser sur la surface ou de suivre le mouvement général de la matière pour venir se placer en m' où nous le supposons parvenu.

Il n'est pas nécessaire d'insister pour reconnaître que, dans cette position m', l'atome envisagé sera encore soumis exactement aux mêmes forces qui le sollicitaient en m. Dès lors il sera amené fatalement dans une troisième position m'' qui sera pour m' ce qu'est m' pour m. De même, depuis m'' il passera en m''', et ainsi de suite jusqu'à ce qu'il arrive sur l'équateur en p.

Nous n'avons considéré qu'un seul atome, mais il est évident que nous pourrions répéter le même raisonnement sur tous les atomes de la mer, d'où nous concluons que si l'hypothèse était vraie toute l'eau des mers serait accumulée vers l'équateur.

Si nous raisonnions sur une boule solide pouvant se mouvoir sur une surface unie, nous verrions qu'elle devrait rouler vers l'équateur en suivant l'arc du grand cercle $m\,p$.

Cette démonstration me semble inattaquable.

Comme dernière contravention à l'hypothèse que je combats, j'établis, par une démonstration à part, que toutes les eaux des mers devraient se transporter à l'équateur.

Toutes les conséquences déduites rigoureusement de cette hypothèse sont matériellement fausses. Je puis donc déclarer avec l'autorité la plus absolue que le renflement terrestre n'est pas dû à la liquéfaction.

J'eusse été heureux de pouvoir suivre M. Brault dans toutes ses digressions sur le même sujet, mais ce ne serait qu'une simple satisfaction personnelle d'amour propre, et ce motif n'est pas digne d'occuper les instants de la Société. Je ne résiste pourtant pas au désir de relever quelques énonciations astronomiques qui sont en désaccord avec les enseignements sur la matière.

Notre collègue dit quelque part :

« On est tout naturellement porté à croire, sans que ce soit une démonstration, à supposer que ce mouvement de rotation a causé ce renflement.

« Cette supposition enfin devient entraînante si l'on observe que les planètes, dont la rotation est plus rapide que celle de la terre, présentent un renflement équatorial plus grand que celui de notre globe. Ainsi, la terre qui tourne sur elle-même en 24 heures environ présente un aplatissement polaire égal au 1/300° de son rayon. Jupiter, qui opère son mouvement de rotation en 10 heures, présente un aplatissement égal au 1/17° de son rayon. L'aplatissement est encore plus considérable pour Saturne qui tourne plus vite que Jupiter. »

Je ferai remarquer que toutes les expériences démontrent, en effet, que l'aplatissement terrestre doit être considéré comme une conséquence de la rotation, et jamais il ne m'est venu à la pensée de soulever une prétention contraire. J'ai soutenu, et je crois avoir prouvé, que cet aplatissement ne devait pas être attribué à un *état liquide* de la matière ; ma discussion sur cette partie n'avait pas d'autre visée.

Ensuite je dirai que les données des astronomes établissent, contrairement à l'assertion de M. Brault, que les renflements des diverses planètes ne sont nullement proportionnels à la vitesse de rotation. Ainsi, on nous enseigne que Mercure et Vénus, qui tournent aussi vite que la terre, ont une forme sphérique parfaite, ou du moins ne présente aucune trace d'aplatissement ; que Saturne, quoique aplati au 1/12ᵉ, tourne *moins vite* que Jupiter dont l'aplatissement n'est que de 1/17ᵉ.

Ces indications sont produites non pas pour constater des contradictions ou des erreurs matérielles dans les arguments que l'on m'oppose, mais pour en faire ressortir cette vérité qu'en fait il n'y a aucune concordance, aucune loi entre les déformations des planètes et leur vitesse de rotation. Théoriquement, j'ai été amené à déclarer que ces déformations devaient tenir à deux causes bien tranchées, la vitesse d'abord et ensuite l'élasticité de la matière. Sans doute nous connaissons le premier de ces éléments, mais tant que nous ne serons pas fixés sur le second, nous ne pourrons asseoir

ni la moindre détermination rationnelle ni la moindre
conjecture réelle sur l'importance ou la loi des renflements discutés.

FAUNE ET FLORE DES ANCIENS AGES

L'étendue et la configuration des continents et des
mers, leur situation relative, le nombre et la hauteur
des montagnes et enfin le mouvement conique de l'astre
terrestre sont les causes que j'ai invoquées pour expliquer les variations climatologiques des anciens âges.
Des pétrifications de toutes sortes, des traces de tous
les caractères, en un mot, une série indéfinie de témoins
irrécusables accordent à ces variations toute l'amplitude
que l'on constate de nos jours entre l'équateur et les
régions hyperboréennes. Il est admis et démontré qu'à
chaque point du globe il y a eu tour à tour les chaleurs
tropicales et les glaces sibériennes.

Ces alternatives étranges, comme également les
grands écarts thermométriques des différents points d'un
même parallèle, sont des effets naturels et des conséquences nécessaires des causes que nous avons dévelop-
pées. Ces causes ne suffisent pas à M. Brault ; il les
rejette sans s'exprimer autrement sur leur exclusion.

Il est vrai qu'il s'adresse spécialement à l'une de ces
causes : le mouvement conique de l'axe terrestre. Il juge
que puisque cet axe conserve la même inclinaison sur
l'écliptique, le mouvement conique n'a pas la moindre
influence sur la température. Pour lui, les rayons

solaires nous arrivant directement, ont la même force,
le même effet, la même intensité, soit que la terre se
trouve au périhélie ou à l'aphélie. Ou autrement, un
rayon solaire, n'importe à quel point de sa longueur,
déterminerait la même valeur calorifique. C'est là une
erreur capitale à laquelle on aboutit fatalement en
déniant l'influence du mouvement conique sur les perturbations climatologiques.

Et puis les périodes glaciaires n'infirment-elles pas
radicalement le feu central ? Comment concilier, en effet,
ce prétendu feu avec les glaces formidables dont notre
sol a été recouvert à plusieurs reprises différentes, surtout si l'on réfléchit qu'autrefois l'action de ce foyer
devait être plus rapprochée de la surface, et conséquemment plus prononcée ? Je reconnais que l'hypothèse de
l'ignition se prête parfaitement bien à l'explication des
plantes et des animaux qui ne croissent et ne vivent que
dans les pays chauds ; mais j'affirme avec non moins de
raison qu'elle se heurte sans issue possible aux périodes
glaciaires qui se dressent ici comme des contradictions
absolue ou plutôt des négations matérielles sans réplique.

Ainsi, d'une part, on rend compte des variations climatologiques par l'action de deux éléments qui peuvent
agir séparément ou simultanément, savoir : les changements lents et inévitables qui s'opèrent dans les continents et les mers et les divers mouvements réguliers
auxquels obéit la terre ; d'autre part, en faisant intervenir un foyer inconnu qui aurait la singulière propriété de
coopérer alternativement à la production des serres
chaudes et des glaces polaires. Entre ces deux genres

d'explication, chacun choisit le système qui convient le mieux à sa logique personnelle. En ce qui me concerne, je n'ai pas la moindre hésitation, je me prononce pour le premier.

AUGMENTATION DE LA CHALEUR AVEC LA PROFONDEUR

L'accroissement de la chaleur à mesure que l'on s'avance vers le centre du globe est l'argument direct, fondamental de la théorie du feu central. Les volcans et les eaux thermales sont plus favorables à des combustions partielles qu'à un foyer général. Ce sont des effets isolés qu'il est difficile d'attribuer à une cause unique, tandis que l'augmentation de chaleur constatée à tous les points de la surface terrestre, quoique dans des proportions variables, semble dénoncer une cause universelle. J'ai montré que la moyenne admise de 1° par 33 mètres de profondeur conduisait à la fusion de toutes les matières connues au bout de 50 kilomètres, et à une température de 200,000° au centre.

Il n'est pas inutile de faire remarquer en premier lieu que nos investigations dans les entrailles de la terre ne s'étendent guère au delà de 2 kilomètres, ce qui représente 1/6ᵉ de millimètre sur une sphère de 1 mètre de diamètre. Est-il permis d'appliquer à un corps dont nous ne connaissons pas la composition soit chimique, soit physique, une prétendue loi déduite d'observations faites sur 1/3,000ᵉ de son étendue? C'est comme si l'on voulait juger d'une perforation de 3,000 mètres par l'étude d'un mètre à partir de l'origine. On serait à peu près certain de n'être pas dans le vrai.

Ce n'est pas tout, à cette prétendue loi si lentement établie on attribue le caprice de s'arrêter précisément au moment où toutes les matières sont en fusion ; au delà, il n'y en a plus besoin, et naturellement on l'abandonne. Je pense que rien ne m'empêche de profiter d'un raisonnement aussi commode et d'affirmer qu'au lieu de se prolonger jusqu'à la fusion, cette progression s'arrête à une température normale inférieure même à 80°. Cette idée, émise déjà par quelques géologues, présente le même caractère de probabilité que la précédente, et a de plus le mérite de ne pas exiger un changement radical à l'état physique des matières que nous connaissons.

Mais, dit-on, cette augmentation de chaleur ne cause pas la fusion, c'est au contraire parce qu'il y a fusion centrale que la chaleur se propage dans les couches solides, en affectant une progression décroissante de 1° par 33 depuis le foyer jusqu'à la surface. Cette explication, on doit le reconnaître, est plus rationnelle que la précédente. Toutefois elle soulève des objections non moins insolubles.

En premier lieu, elle admet *a priori* l'existence du feu central, ce qui n'est nullement prouvé.

Ensuite elle est en opposition manifeste avec les températures des mers ; car à une profondeur de 3,300 mètres, il devrait y avoir 100 degrés de plus qu'à la suface ; à des profondeurs de 6 et de 10 kilomètres, l'eau devrait être bouillante. Or, c'est précisément le contraire qui a lieu. Toutes les expériences faites, tous les sondages pratiqués établissent généralement que l'eau se refroidit progressivement avec la profondeur. Je demande et j'insiste particulièrement comment on peut faire accorder ce fait avec la prétendue loi invoquée. C'est encore là une de ces négations de fait, une contradiction matérielle qui efface radicalemement l'hypothèse.

Frappé, d'une part, des différences thermométriques constatées pour des inégalités de hauteur de l'atmosphère, et de l'autre par la quantité de chaleur résultant de la compression, j'en ai déduit, comme corollaire, que la gradation calorifique que l'on remarque en s'enfonçant dans les excavations pourrait très-bien s'expliquer par les actions combinées de ces deux phénomènes. Plus je réfléchis à cette explication, plus je la trouve rationnelle et logique. J'avoue que, sans y apporter le moindre sentiment d'amour-propre, les objections faites à ce sujet n'ont en rien ébranlé mes convictions. Eu égard à l'importance de cette question dans la théorie que j'attaque, on me permettra une réfutation en bonne forme des objections que l'on m'a opposées.

1° L'un m'a dit : « Il est vrai que si des régions supérieures on se rapproche de la surface terrestre, la chaleur augmente, mais cette augmentation n'est que de 1° par 140 ou 160 mètres, tandis qu'au-dessous de cette surface nous trouvons 1° par chaque 33 mètres. Pourquoi ce brusque changement ? » Cette interrogation est du même genre que celle que l'on pourrait poser à l'égard d'un rayon lumineux qui de l'atmosphère pénètre dans un liquide ; là, il obéit à une loi déterminée ; ici, il en comporte une toute différente. La réponse est connue, et il est presque inutile de rappeler que toutes les lois d'émission, de transmission et de propagation sont modifiées. changées. brisées et défigurées par le passage de la limite qui sépare deux milieux d'inégale densité. En pleine atmosphère, le calorique tend à s'équilibrer avec les régions voisines; mais, dans une excavation, le calorique est en quelque sorte emprisonné et immobilisé, et il n'est pas étonnant qu'il soit plus prononcé que dans les parties où il peut se répandre et se disperser dans tout l'espace.

Ne faut-il pas, en outre. tenir compte des dégagements de chaleur qui résultent des frottements incessants des molécules de l'air contre les parois solides de l'excavation? Les diverses matières même qui composent ces parois n'ont-elles pas chacune un calorique latent qui ne se développe que sous certaines pressions, à l'aide de certains frottements et dans certaines conditions? Les expériences faites ne nous annoncent-elles pas que les variations thermométriques sont plus accusées dans les schistes que dans les granits. dans les veines métalliques que dans les schistes. dans les filons de cuivre que dans ceux d'étain et dans les couches de houilles que dans les gisements des métaux? Dès lors toutes les déviations, toutes les incohérences et toutes les anomalies trouvées dans la progression discutée se soumettent à des explications fort simples qui ne s'écartent pas de l'application des lois naturelles.

2° Un autre avance que dans un puits les molécules atmosphériques se mettent à l'état de repos et qu'ainsi il n'y a ni frottement ni dégagement de calorique. Il admet que les couches se superposent, s'empilent les unes sur les autres, exactement comme des feuilles de tôle, et qu'en supposant les couches inférieures plus chaudes que les couches supérieures, ces dernières par leur pression empêcheraient celles du fond de remonter à la surface. La simple énonciation d'une pareille doctrine suffit pour en faire apprécier toute la valeur, et, sans arrêter plus longtemps l'attention sur cette fantaisie scientifique, je passe à des considérations un peu moins hasardées.

3° « Il est vrai, m'objecte-t-on, que pendant la compression l'air s'échauffe, mais cet échauffement ne persiste pas dans l'*air comprimé*. Il en est de deux gaz de même nature inégalement comprimés, comme de deux morceaux de fer inégalement martelés ; ils ont la même température. » Voilà encore une nouvelle maxime que je ne connaissais pas. Je comprends très-bien que l'on puisse rendre plus dense un morceau de métal, que l'on puisse en resserrer les molécules sans qu'elles tendent à reprendre leurs positions primitives, et conséquemment sans qu'elles produisent, dans leur nouvelle position, le moindre dégagement de calorique ; mais ce qui est manifeste, c'est que tout gaz *comprimé* cherche à reprendre son volume normal et, s'il en est empêché par une cause quelconque, piston ou autre engin, cet effort vaincu se traduira en calorique. C'est en physique et en mécanique un axiome fondamental. Comparer le fer martelé à de l'air comprimé, c'est assimiler une courbure naturelle, celle d'un fer à cheval, par exemple, à la même courbure qui serait amenée sur

une lame d'acier au moyen d'un tendeur artificiel ; ces
deux situations n'ont aucun rapport entre elles, et cette
troisième objection doit suivre le même chemin que les
précédentes.

4° Quelques-uns pensent que la différence de température des couches atmosphériques est due non à une
plus grande pression, mais au rayonnement calorifique
terrestre. Incontestablement, cette cause y entre pour
une certaine part, mais lorsque le soleil n'est pas visible
et que la surface terrestre est plus froide que l'atmosphère, cette cause disparaît et la loi d'augmentation n'en
subsiste pas moins. Cette loi est donc indépendante du
rayonnement et elle ne peut être attribuée qu'à la compression. Que cette compression aille jusqu'à produire
l'effet indiqué par M. Zimmermann, ou qu'elle se tienne
dans des limites plus restreintes, comme le veut
M. Brault, il m'importe peu ; ce n'est là qu'un compte à
régler entre expérimentateurs. Tout le monde est d'accord sur le fait de l'échauffement de l'air comprimé.
Mon argumentation, n'ayant pas d'autre élément que ce
phénomène idéniable, se maintient conséquemment
dans toute sa rigueur.

5° Pour dernière attaque, notre collègue admet ma
théorie comme vraie ; puis, l'appliquant à la longueur du
rayon terrestre, il arrive à une compression telle qu'il
en résulterait non-seulement la fusion de toutes les matières, mais encore la température de 200,000° contre
laquelle je me suis insurgé. Tacitement il suppose un
puits creusé jusqu'au centre terrestre, puis il détermine
la pression exercée sur ce centre au moyen d'un calcul

dont il a seul le secret et qui mérite d'être signalé. Je cite textuellement : « Si, dit-il, cette puissante colonne (6,400.000 mètres, rayon terrestre) avait la densité de l'eau, comme une colonne d'eau de 10,00 représente la valeur d'une atmosphère, il suffirait de diviser par 10 pour avoir le nombre d'atmosphères que représenterait cette pression, soit 640,000. Or, la densité moyenne de la terre est d'environ 4.5 ; la pression cherchée est donc représentée par un nombre d'atmosphères égal à $640,000 \times 4,5$, soit 2,800,000. Que dit l'auteur de cette pression de 2,880,000 atmosphères ? »

A une argumentation aussi éloignée des lois du raisonnement, à des calculs aussi étrangement fantaisistes, je m'empresse de déclarer que je ne dis rien du tout. Seulement, je ferai observer d'abord que le puits invoqué par M. Brault n'existe pas et n'existera probablement jamais ; que, dès lors, la pression dont il parle est purement imaginaire ; ensuite, qu'il s'agit d'une colonne d'air et non pas d'une colonne d'eau ; et que puisqu'il a cru devoir changer de matière, il ne lui en aurait pas coûté d'avantage de considérer une colonne de mercure, il aurait obtenu par son opération un résultat treize fois plus grand ; enfin, que la densité terrestre n'a aucun rapport avec la pression ; car il sait que le poids est une chose toute différente de la densité, et que s'il est maximum à la surface du globe, il diminue proportionnellement de cette surface au centre où il est nul, tandis que la densité est invariable. Au lieu de prendre la densité terrestre, il aurait pu choisir la densité du platine ou tout autre multiplicateur quelconque.

Il y a vraisemblablement dans cette partie de la critique

un oubli échappé à la plume de notre collègue, d'où
résulte un écart si marqué aux exigences de la raison.
C'est sous l'influence de cette pensée que, pour n'être pas
taxé d'exagération, j'ai rapporté littéralement son
exposé. Toutefois, cette circonstance ne nuit en rien au
principe que j'ai avancé et que je prendrai la liberté de
rappeler en ces termes : la pression atmosphérique est
la cause fondamentale de l'accroissement de chaleur que
l'on constate en s'enfonçant dans l'intérieur de la terre.

VOLCANS

C'est ici le dernier argument des partisans du feu central ; ils s'y rattachent et le défendent avec une rare
énergie. Aussi mon attaque sur ce point nous a-t-elle
valu un mémoire très-intéressant de M. de Cossigny sur
les formations et phénomènes géologiques et une leçon
détaillée de chimie minéralogique de M. Brault. Tous
deux s'accordent sur diverses parties et se complètent
sur d'autres de manière à former une discussion complète. Je répondrai donc à l'ensemble sans faire de dis-
tinction pour les détails.

Je ne suivrai pas M. Brault dans son excursion sur le
domaine mythologique, ni dans ses considérations sur
les opinions des anciens. Pluton, Vulcain, les Cyclopes
et les autres dignitaires infernaux n'ont point droit de
suffrage ; les croyances des anciens sont généralement
basées sur de simples apparences, sur des contes, des
légendes ou des livres sacrés dont les doctrines astronomiques et géologiques ne sont rien moins qu'infail-

libles. Au surplus, si j'avais voulu puiser à cette source extra-scientifique, la Genèse aurait fourni à l'appui de ma thèse un argument qui eût été sans réplique. Mais ces sortes de démonstrations sont du ressort de l'imagination et du sentiment, tandis que c'est la raison seule qui doit nous guider.

LES GRANITS ET LES LAVES NE SONT PAS LA MÊME MATIÈRE

Dans l'hypothèse du feu central, le granit est la croûte solidifiée de la sphère supposée liquide qui composait le globe ; les laves proviennent de la partie supposée encore en ignition. Le granit et les laves sont donc, disais-je, une seule et même matière à des âges différents. Les faits ne confirmant pas cette déduction, j'en concluais que l'hypothèse d'où elle émane est fausse.

M. de Cossigny a cherché à établir que les granits et les laves avaient des caractères géologiques analogues. M. Brault a entrepris de démontrer que les uns et les autres avaient une composition minéralogique à peu près identique. Tous deux dans des genres différents sont entrés dans des détails fort intéressants et très-instructifs ; mais ils me paraissent avoir coupé, morcelé, haché et émietté le problème de telle sorte qu'ils n'aient plus que des débris à combattre. Cette mutilation nuit à l'intérêt principal, et je tiens à rétablir la question en ses véritables termes : Les granits sont-ils, oui ou non, de la même nature que les laves ?

A M. de Cossigny je ferai observer que les granits, par leurs crêtes vives, leurs surfaces formées de plans disposés dans tous les sens, leurs volumes tantôt élancés en flèches ou tantôt ramassés en polyèdres, ne rappellent nullement les gradins arrondis qui caractérisent les coulées de laves ; que si l'on veut bien se souvenir que la mer s'est promenée maintes fois sur tous les points du globe : ici, remuant les roches ; là, les perforant ; ailleurs, les déchiquetant ; plus loin, les polissant ; que, d'un autre côté, pas un endroit de la terre n'a dû échapper à une combustion partielle quelconque plus ou moins énergique, fondant certaines substances, brisant, soulevant et mêlant les autres, on comprendra, en faisant agir toutes ces causes pendant une durée sans limites, que certaines roches dites primitives puissent offrir exceptionnellement quelques traces de fusion, quelque apparence d'un état originaire pâteux. Mais de là à dire que les granits sont des laves anciennes, c'est, à mon sens, faire abus des rapprochements.

Si, comme on voudrait nous le faire croire, les granits étaient des laves des époques géologiques antérieures, ne les trouverait-on pas généralement répandus et disposés comme toutes les autres laves et matières liquides solidifiées ? Or, les géologues ne les ont jamais trouvés ainsi, et l'un des plus illustres d'entre eux, sir Lyell, déclare que, « bien que le granit ait souvent pénétré « d'autres couches, rarement ou même jamais peut-être on ne l'a observé reposant sur ces couches, comme s'il y eût été répandu. » Des observations plus précises ont amené les géologues à admettre ce fait que, dans certains cas, il y a eu protusion de granit à l'état solide.

Cette circonstance, jointe aux considérations précédentes, permet d'expliquer les phénomènes rappelés par M. de Cossigny sans recourir à la nécessité de confondre hypo thétiquement les roches granitoïdes avec les laves.

J'ai suivi avec le plus vif plaisir M. Brault développant la composition minéralogique des diverses roches primitives : passant de l'une à l'autre par un simple déplacement de l'un des éléments composants, substituant celle-ci à celle-là par une imperceptible variation dans le rapport des molécules de chaque espèce et arrivant ainsi insensiblement depuis les gneiss jusqu'aux laves actuelles. Il me rappelait cet habile artiste qui, par une série de gradations heureusement ménagées, par une suite de modifications adroitement dissimulées, était parvenu au profil le plus parfait de la femme caucasienne, en partant de la silhouette du plus affreux batracien. Entre deux profils voisins, l'œil le plus exercé ne découvrait pas la plus petite différence, et pourtant quel énorme saut entre les deux termes extrêmes de la série !

La composition minéralogique et chimique nous sert pour la classification des corps, mais n'indique nullement ni l'identité ni même l'analogie de leur nature intime. Des compositions chimiques peuvent être absolument semblables sous nos grossiers moyens d'observation pour des corps totalement différents. La chimie ne nous enseigne-t-elle pas que le diamant le plus pur et le carbone sont exactement de même composition? Oserait-on dire que ce sont les mêmes corps ? Tous les chimistes peuvent composer une substance exactement semblable, quant aux éléments, au vin de Chambertin, et pourtant cette composition n'aura ni le goût, ni le bouquet, ni les propriétés du Chambertin. Il y a plus, c'est qu'un corps simple peut, sous certaines conditions, différer totalement de lui-même, sans addition d'aucun élément étranger. Tout le monde sait que les essieux de wagons, fabriqués avec le meilleur fer à nerfs, se transforment, par le simple mouvement de rotation, en fer à grains. Dans ces deux états, c'est toujours la même matière, et cependant ce sont deux corps dissemblables ; leurs molécules ne sont évidemment pas disposées de la même manière.

On concevra facilement les transformations qu'un même corps peut subir, si l'on réfléchit au nombre incroyable d'atomes ou d'ultimates qui entrent dans chaque molécule. Pour en donner une idée, je rapporterai qu'à la dernière séance de l'Académie des sciences, des physiciens ont établi que dans un cube d'eau gros comme la tête d'une épingle, il y a une telle quantité d'ultimates que si l'on pouvait en compter un milliard par seconde, il faudrait deux cent cinquante mille années pour en faire le dénombrement total. Après cela, peut-on se baser sur une constitution chimique pour affirmer que deux corps sont de même nature ?

Et encore dans les diverses matières que nous examinons il y a une différence de composition chimique si bien marquée qu'il n'est pas possible en aucun cas de confondre les laves avec le granit. Je sais bien que certains géologues ont cru et croient peut-être encore que les granits et les roches analogues étaient sortis de

terre à l'état pâteux ou liquide ; ils les considéraient
comme laves du passé qui d'âge en âge auraient été
suivies par des laves moins anciennes, les diorites, les
porphyres, les trapps, les trachites, les basaltes et fina_
lement les laves actuelles puisées à des profondeurs de
plus en plus considérables. Mais les savants modernes
déclarent que les laves actuelles s'écartent trop des
basaltes, des trachytes et autres, pour qu'il soit permis de
leur attribuer la même origine. D'ailleurs, les trois
substances composant le granit ne cristallisent pas à la
même température. Enfin, des travaux récents il
résulte que, sous l'action du feu, le granit et les autres
masses rocheuses du même genre n'auraient pu affecter
la disposition cristalline qui les distingue.

Il est donc incontestable que le granit et les laves ne
sortent pas du même creuset ; que l'un n'est nullement
la solidification par refroidissement du liquide exprimé
par les autres. L'argument de mon mémoire, basé sur ce
fait seul, n'est donc pas amoindri.

PRÉSENCE DE L'EAU DES MERS DANS LES ÉRUPTIONS

La distribution géographique des volcans et leur
situation à proximité des océans sont des points de fait
qui échappent à la discussion. Aussi, sans se heurter
aux considérations qui s'y rattachent, nos deux
collègues se bornent à demander si réellement l'eau de
la mer est indispensable aux éruptions. Il semblait, en
effet, d'après des observations antérieures, que chaque
volcan avait son système propre et particulier d'exha-

laisons ; l'acide chlorhydrique paraissait spécial au Vésuve ; les vapeurs sulfureuses à l'Etna ; les gaz combustibles à l'Hécla ; l'acide carbonique aux volcans des Andes, etc. Mais le chimiste Sainte-Claire-Deville a établi avec certitude que toute éruption présentait successivement quatre phases à chacune desquelles correspondaient des émanations distinctes. Et M. Fouqué a démontré que cette série d'émanations est bien celle qui doit se produire par la décomposition de l'eau marine. On retrouve également dans les laves le fluor et l'iode qui entrent dans les eaux de l'Océan, et même Ehrenberg a constaté les restes d'animalcules marins dans les rejets des volcans.

Une nouvelle expérience ajoute plus de précision encore à ce point. Jusqu'ici, les recherches n'avaient porté que sur les déjections matérielles des éruptions ; les flammes se cachaient à nos investigations et il semblait que cet élément capital de la question dût rester inaccessible. L'analyse spectrale a permis de combler heureusement cette lacune. Par ce moyen puissant, M. Janssen a trouvé dans les flammes du volcan de Santorin, du chlore, du sodium et de l'hydrogène dans la proportion de 30 pour 100. Ce sont bien là des parties intégrantes de l'eau salée.

En est-il de même pour les volcans relativement éloignés des bords de l'Océan ? C'est vraisemblable, quoiqu'il ne répugne pas à la pensée d'admettre une notable différence. Cependant, M. Virlet a constaté que le Popocatepelt, un des plus remarquables volcans continentaux, fournit une grande quantité d'acide chlorhydrique ; que ses neiges, d'un goût muriatique très-prononcé, vont, en se mêlant avec de la soude, former du sel dans le lac Tezcuco, où elles sont entraînées par les pluies.

Si donc partout les exhalaisons volcaniques renferment les produits décomposés de l'eau de la mer, j'étais autorisé à dire que cette eau est indispensable aux phénomènes des éruptions.

COMPOSITIONS DES LAVES

Mais les laves, que sont-elles en réalité ? Nous y rencontrons la silice, l'alumine, la chaux, la magnésie, la soude, les oxydes ferreux, les phosphates, l'ammoniaque, etc. Ces substances, ainsi que les gaz qu'elles renferment, sont toutes dans les terrains géologiques que nous connaissons et dans l'eau des mers. Il est donc rationnel d'en conclure que ces laves viennent de ces mêmes terrains, et l'on ne comprend pas que l'on aille en chercher l'origine dans un enfer inconnu qui choque l'entendement et contre lequel d'ailleurs, ainsi que je le montrerai dans un instant, je n'ai pas épuisé mes batteries.

COMBUSTIONS SPONTANÉES, ÉLECTRICITÉ TERRESTRE

M. Brault ne peut se soumettre aux combustions spontanées, non pas qu'il nie l'existence de matières combustibles ou d'amas de gaz imflammables à des profondeurs plus ou moins considérables, mais parce qu'il refuse à l'électricité naturelle le pouvoir de déterminer l'inflammation. « Quand on songe, dit-il, aux précautions qu'il faut prendre, aux moyens qu'il faut déployer pour obtenir dans nos laboratoires une petite énergie calorifique, on ne saurait admettre que l'électricité naturelle puisse être la cause des combustions de minerais ou d'autres matières. » Pour fixer ses convictions, il demande qu'on lui montre ces sortes de phénomènes.

Il faut convenir qu'il ne se rend pas à bon compte. Si je pouvais lui donner le spectacle qu'il réclame, la discussion serait terminée et l'idée du feu central s'évanouirait. J'ai plus d'une raison de penser que si nous assistions à une pareille représentation, quel que fût d'ailleurs le confortable de notre loge, nos sandales seules, comme celles d'Empédocle, pourraient témoigner des résultats de notre curiosité. Mais, à défaut de vision directe, on peut suppléer par des déductions indirectes non moins concluantes.

Pour quiconque a observé les effets de la foudre dans les nombreux cas qui tombent sous nos sens, l'inflammation de certains milieux par l'électricité terrestre n'est qu'un jeu. Des morceaux de fer sont fondus, anéantis, de grands arbres sont instantanément réduits en allumettes ou pulvérisés, et l'on demande si cette force peut allumer des matières inflammables ? C'est une question qui semble oiseuse. Et il est à remarquer, ainsi que nous l'apprennent les géologues, que l'électricité atmosphérique n'est pas à comparer à l'énergie incommensurable des courants qui parcourent sans cesse la sphère terrestre d'un pôle à l'autre, et qui lui impriment parfois ces secousses brusques qui ébranlent la surface sur l'étendue de toute une hémisphère.

Il ne serait peut-être pas impossible non plus de citer des centres partiels d'ignition spontanée. Sans sortir de France, ne sait-on pas qu'à Ronchamps et à Commentry il y a des combustions souterraines qui datent de plusieurs années. Le sous-sol du département de l'Aveyron sur les deux tiers de sa superficie est en feu depuis des siècles. Certaines montagnes de cette contrée présentent de véritables cratères. Pendant le jour le feu n'est pas visible, mais dans l'obscurité de la nuit tout le gouffre paraît être en flamme; l'œil plonge dans une véritable fournaise. Un géographe du XVIe siècle, André Thevet, dit que de son temps les flammes s'élançaient hors de la montagne, chaque fois qu'il pleuvait, phénomène qui ne se renouvelle pas aujourd'hui. Il paraît cependant que, dans le désir d'éteindre le foyer, les habitants y conduisirent certain ruisseau rapproché; aussitôt l'incendie redoubla d'intensité au point de produire des éruptions de pierres et de matières enflammées. Si c'eût été un bras de mer, nul doute qu'un réel volcan ne se fût déclaré. Il en serait ainsi résulté une preuve matérielle à l'appui du système que j'avais indiqué.

Ici, je dois faire remarquer qu'en me posant des questions sur des idées que j'ai émises, M. Brault fait un étrange renversement des choses. Je ne me suis pas proposé d'expliquer les causes des phénomènes dont nous sommes les témoins; mes prétentions ne

vont pas jusque là. En émettant mes appréciations
personnelles, il ne m'était pas venu à l'esprit de les
imposer à personne. J'ajoute que je suis prêt à y
renoncer dès que l'on me fera connaître d'autres doctrines donnant meilleure satisfaction à mon dictamen. Jusqu'ici les objections qui m'ont été faites n'ont pas modifié ma manière de juger. Mais, je le répète, la question
n'est pas là. J'ai opposé à la théorie du feu central des
contradictions dont les principales n'ont été ni effa-
cées ni diminuées. Je vais en formuler d'autres non
moins inconciliables avec cette fameuse hypothèse.

NOUVELLES OBJECTIONS CONTRE L'HYPOTHÈSE DU FEU CENTRAL

Admettons que les volcans puisent leur alimentation
dans une immense sphère liquide, commençant à 40 ou
50 kilomètres de la surface. Pour qu'un volume quelconque de lave soit projeté à une telle hauteur, on accor-
dera qu'il faut une poussée d'une puissance extrême.
Cette poussée ne peut être exercée que par une accumu-
lation de gaz pressé entre le jet liquide et le restant de
la sphère en feu. Cette pression ainsi produite en un
point déterminé doit, d'après un principe rigoureux de
physique, se reporter, sans déperdition aucune, sur tous
les points de la surface extérieure du liquide. Chacun
des points de la surface concave de la croûte solide doit
donc être pressé par le liquide igné avec une force
absolument égale à celle qui pousse la lave dans le volcan
que nous considérons. Dès lors, tous les volcans en
activité devraient se mettre en éruption en même temps

et avec la même violence. Or, cette circonstance ne se présente jamais. On méconnaît donc un principe incontestable de physique en disant que la masse centrale est liquide.

Si même on voulait arguer de la trop grande distance pour la transmission des pressions, on devrait reconnaître au moins que deux volcans voisins doivent agir en même temps ou ensemble. Les observations faites sur le Vésuve et l'Etna démontrent radicalement que cette simultanéité n'existe pas. Tantôt l'un fonctionne lorsque l'autre se repose, tantôt ils sont en travail tous deux ensemble. Cette incohérence se ferait-elle remarquer si leur moteur commun était la masse générale du globe ?

Il y a mieux, c'est qu'autour du Vésuve même il y a plusieurs cheminées qui restent parfaitement en repos, pendant que la plus haute vomit des torrents de lave, et on veut nous annoncer que toutes s'alimentent au même fourneau ! C'est à confondre la raison. Dira-t-on que ces cheminées latérales sont bouchées par des laves refroidies ? Mais alors qui arrache le bouchon lorsque peu après ces mêmes tubes remplissent consciencieusement leur devoir ? Admettre qu'une pellicule de lave refroidie puisse arrêter une colonne lancée d'un seul jet à 40 kilomètres de hauteur, c'est supposer qu'un train de chemin de fer puisse être maîtrisé par une feuille de carton ; c'est substituer des effets miraculeux à des démonstrations rationnelles.

Poursuivons notre examen. Puisque les laves proviennent de la sphère centrale, elles doivent en être

détachées et poussées dans le cratère par un piston
quelconque qui ne peut être que la force expansive du
gaz. Je pourrais bien demander ici d'où viennent ces
gaz et pourquoi ils ne s'échappent pas librement par les
cheminées qui leur sont ouvertes, au lieu de pousser
devant eux d'énormes convois de matières liquides. On
me répondrait sans doute que je suis indiscret et que
j'abuse des interrogations. Cependant il y a un fait qui
tombe sous nos yeux et dont je crois avoir le droit de
m'emparer: c'est que, quand les coulées de lave cessent,
la cheminée du volcan est loin d'être débarrassée ; elle
continue à être remplie de matière incandescente qui
bouillonne pendant des années. Si cette colonne liquide
correspond à la masse centrale, par quel phénomène
d'équilibre se maintient-elle ainsi à 40 kilomètres au-
dessus du niveau de la masse dont elle dépend ? Si elle
en est séparée par un intervalle gazeux de n'importe
quelle hauteur, par quel moyen calorifique la lave
continue-t-elle à rester à l'état de fusion ? Ce ne sont
pas là seulement des problèmes, mais bien des contradictions ou plutôt des impossibilités manifestes avec
l'hypothèse discutée.

Si maintenant nous envisageons les conséquences de
cette théorie pour l'existence de notre planète, nous
aboutissons fatalement, ainsi que je l'ai exposé, au
chaos pour le passé et à la congélation ou à la pétrifi-
cation pour l'avenir. A cet égard, M. Brault n'est
nullement inquiet ; il écrit que rien ne démontre que la
vie n'est pas possible sous une température de 1,000°
au-dessous de zéro ; que d'ailleurs la planète que nous
habitons doit avoir, comme tous les corps, une période

croissante, une période décroissante, pour ensuite faire place à d'autres masses différemment organisées. Tout naît, vit et meurt : tel est le principe général que l'on invoque pour y soumettre notre sphère. C'est là une idée aussi fausse que répandue et contre laquelle on ne saurait trop réagir.

La science avec son autorité suprême nous enseigne que la matière est une unité absolue. Aucun atome ne se crée, aucun atome ne s'anéantit ; il y a constamment équivalence matérielle. La chimie, la physique et la mécanique nous établissent aussi qu'il y a perpétuellement équivalence de calorique, équivalence de force, équivalence de mouvement. Calorique, force, mouvement ne sont que les diverses expressions, les différentes faces d'une seule et même chose dans des situations et des conditions inégales ; ce sont les propriétés, les attributs de ce que l'on est convenu d'appeler la matière. Si donc la matière reste constamment égale à elle-même, il est évident que ses propriétés doivent rester équivalentes. Les découvertes de la science modernes ne font que confirmer les déductions qui s'imposaient de prime-abord par le principe de l'éternité de la matière.

Mais si le calorique, la force et le mouvement sont des termes d'un équilibre continu, nous pouvons affirmer non-seulement qu'il n'y a jamais eu de chaos, non-seulement qu'il n'y a jamais eu de congélation, mais encore que le globe considéré dans son ensemble est immuable. Sans doute, chaque organisation particulière prend ses éléments dans le tout formant notre monde, parcourt le cercle de ses transformations, restitue au tout ce qu'elle lui avait emprunté. De nouvelles organisations surgissent pour faire place à d'autres, et ainsi de suite indéfiniment. Ici encore et toujours nous rencontrons cette hypothèse du feu central qui vient, contre toutes les saines conquêtes scientifiques, poser une origine arbitraire et assigner une fin fantaisiste à cette loi générale d'évolutions. Proscrivons donc cet enfer qui se heurte à la raison et arrête les progrès ; renvoyons-le à Vulcain et à sa bande, et, par nos observations, nos recherches et nos études, affirmons haut et ferme que pour tous les mondes il n'y a qu'un principe général et absolu : mouvement perpétuel dans l'unité universelle.

Bourges, imprimerie Veret.